书籍设计

主编 张如画 孟德琦 李艳花

U0244564

中国青年出版社

图书在版编目（CIP）数据

书籍设计 / 张如画, 孟德琦, 李艳花主编. 一 北京: 中国青年出版社, 2019.6（2024.2重印）
中国高等院校"十三五"精品课程规划教材
ISBN 978-7-5153-5624-2

I.①书… II.①张… ②孟… ③李… III.①书籍装帧—设计—高等学校—教材 IV.①TS881

中国版本图书馆CIP数据核字（2019）第108993号

侵权举报电话

全国"扫黄打非"工作小组办公室　　　中国青年出版社
010-65212870　　　　　　　　　　　010-59231565
http://www.shdf.gov.cn　　　　　　　E-mail: editor@cypmedia.com

中国高等院校"十三五"精品课程规划教材
书籍设计

主　　编：张如画　孟德琦　李艳花
企　　划：北京中青雄狮数码传媒科技有限公司
责任编辑：张军
助理编辑：张君娜　王心璐
书籍设计：乌兰
出版发行：中国青年出版社
社　　址：北京市东城区东四十二条21号
网　　址：www.cyp.com.cn
电　　话：010-59231565
传　　真：010-59231381
印　　刷：北京瑞禾彩色印刷有限公司
规　　格：787mm×1092mm　1/16
印　　张：9
字　　数：196千字
版　　次：2019年8月北京第1版
印　　次：2024年2月第4次印刷
书　　号：ISBN 978-7-5153-5624-2
定　　价：49.80元

如有印装质量问题，请与本社联系调换
电话: 010-59231565
读者来信: reader@cypmedia.com
投稿邮箱: author@cypmedia.com
如有其他问题请访问我们的网站: http://www.cypmedia.com

序言

　　书籍的发展承载着历史，书籍的每一步发展都是文明的传承，从最初的文字书写方式到造纸术的发明，从雕版印刷的使用到现代科技的发明。书籍也是文明符号的复合体，因此长久以来，书籍设计作为视觉符号与文化载体的再度呈现，具有深刻的历史意义与表现形式。在书籍设计中，开本、材料的使用，版式的编排形式等都是书籍设计的重要元素。因此，如何在有效的空间进行无限的视觉符号延展就成了书籍设计的关键所在。

　　清代藏书家孙庆增在《藏书纪要》中论述了装订艺术："装订书籍，不在华美饰观，而应护帙有道，款式古雅，厚薄得宜，精致端正，方为第一。"即书籍装帧的原则是保护书籍完好，使阅读功能和审美要求辩证地统一起来，而绝不是单纯地装饰华丽，这一原则对于现代的书籍设计仍然有着现实意义。书籍设计是从平面到立体，从视觉到心理的起承转合，它是包含了艺术思维、构思创意和技术手法的系统设计，也是包含书籍的开本、装帧形式、封面、腰封、字体、版面、色彩、插图以及纸张材料、印刷、装订及工艺等各个环节的艺术设计。

　　书籍既是商品，又是文化的表现形式，因此如何更好地把握书籍的形式与内容是书籍设计的灵魂。书籍形式是内容的又一个面孔，好的书籍都是表里如一，这就需要设计者进行仔细斟酌、认真布局、合理表现，同时严格预算。

　　本书作者张如画老师承担第二章、第三章内容撰写，孟德琦老师承担第一章、第四章、第九章内容撰写，李艳花老师承担第五章至第八章内容的撰写。在此感谢读者能够对本书提出宝贵意见，在未来的编写中，我们将以更饱满的热情和更加积极的态度进行编写修订。

张如画

BOOK
DESIGN

C　O　N　T　E　N　T　S

第1章

轨迹探寻——书籍设计的渊源

1.1　永存的记忆——书籍的初级形态　9

　　1.1.1　结绳记事　9

　　1.1.2　形象化的图画表现　9

　　1.1.3　有意识的陶器描绘　10

　　1.1.4　自然物化的甲骨低吟　11

　　1.1.5　承转阴阳的青铜晦语　11

　　1.1.6　永恒伫立的石刻表白　12

1.2　飞舞的形态展示——书籍的历史演进　13

　　1.2.1　材料的形态展示　13

　　1.2.2　装订形态展示　17

　　1.2.3　印刷形态展示　21

第2章

内外兼修——书籍设计的颜值与内涵

2.1　内心的独白　25

　　2.1.1　东西哲学思想比较　26

　　2.1.2　西方书籍设计风格表述　26

　　2.1.3　东方书籍设计风格表述　32

　　2.1.4　东西方书籍设计之对比　36

2.2　外在的表现　41

　　2.2.1　颜值之巅——封面、护封、函套　41

　　2.2.2　把玩之趣——富有质感的材料　43

2.3　曾经的美好　45

　　2.3.1　审美雕琢的内文　45

　　2.3.2　由表及里的设计　47

2.4　内在自省——书籍的属性　48

　　2.4.1　外在与内涵的升华　48

　　2.4.2　感性与理性的诉求　49

　　2.4.3　书籍设计的从属性　49

2.5　书籍设计的独立性　53

2.6　书籍设计的工艺性　53

教学实例　54

设计点评　56

课后练习　58

第3章

三位一体的整合——图形、文字、色彩

3.1　虚实相生　63

目录

C O N T E N T S

3.2	文质相依	65
3.3	空间构架	67
3.4	传情达意——独步江湖的图形	68
	3.4.1 图形的表述——加法与减法	68
	3.4.2 图形的延展——乘法与除法	70
3.5	相由心生——"字"由"字"在的独白	72
	3.5.1 文字的表述——情感	72
	3.5.2 文字的形态——空间	73
	3.5.3 文字的转化——符号	74
3.6	神采奕奕——升华的色彩	74
	3.6.1 和谐统———气色之美	75
	3.6.2 低调内敛——内蕴	76
	3.6.3 华丽转身——升华	77
教学实例		78
设计点评		81
课后练习		82

第4章

书籍设计的时空延展

4.1	五感体验	84
	4.1.1 书籍设计的视觉体验	84
	4.1.2 书籍设计的触觉体验	85
	4.1.3 书籍设计的嗅觉体验	85
	4.1.4 书籍设计的听觉体验	86
	4.1.5 书籍设计的味觉体验	86
4.2	时空转换	87
	4.2.1 由平面到立体	87
	4.2.2 由时间到空间	88
	4.2.3 由单一到多层次	88
	4.2.4 由传统到现代	89
教学实例		89
设计点评		90
课后练习		91

第5章

书籍设计的构成元素

5.1	书籍设计的基本结构	93
	5.1.1 开本	93
	5.1.2 护封	94
	5.1.3 内封	94
	5.1.4 环衬连接封面与书心的衬页	94
	5.1.5 书脊	95
	5.1.6 扉页	96

BOOK DESIGN

C O N T E N T S

5.1.7 目录	96	
5.1.8 正文	96	
5.1.9 插图	97	

5.2封面——书籍的门面 　　**97**

5.2.1 封面的整体构思	98
5.2.2 封面的创意表现	98
5.2.3 封面的延展	99

5.3版式——书籍的内核 　　**100**

5.3.1 版式的构成要素	100
5.3.2 版式的视觉流程	102
5.3.3 版式的编排类型	104
5.3.4 版式的空间拓展	106

5.4插图——书籍的精髓 　　**108**

5.4.1 插图设计的类型与编排	108
5.4.2 插图设计的表现形式	109

教学实例 　　**111**

设计点评 　　**112**

课后练习 　　**113**

第6章

书籍设计的原则

6.1抽象与具象 　　**115**

6.1.1 抽象与具象	115
6.1.2 内容与形式	115

6.2功能性 　　**116**

6.2.1 实用功能	116
6.2.2 审美功能	116
6.2.3 商业功能	117

教学实例 　　**118**

设计点评 　　**119**

课后练习 　　**120**

第7章

书籍设计流程——由心到物的转化

7.1前期策划与市场调研 　　**122**

7.2设计表现与制作 　　**123**

7.2.1 印前的基本知识	123
7.2.2 特殊印刷工艺	123

教学实例 　　**125**

设计点评 　　**126**

课后练习 　　**127**

目录

C O N T E N T S

第8章

印刷承印物——材质的感官表现

8.1纸张承印物   **129**

8.1.1 铜版纸   129

8.1.2 新闻纸   129

8.1.3 胶版纸   129

8.1.4 凸版纸   130

8.1.5 白卡纸   130

8.1.6 宣纸   130

8.1.7 特种纸张   131

8.2特殊承印物   **132**

8.2.1 纤维织物   132

8.2.2 皮革材料   132

8.2.3 金属材料   133

8.2.4 木质材料   133

教学实例   **134**

设计点评   **135**

课后练习   **136**

第9章

书的再构造——装订

9.1装订形式   **138**

9.2装订方法   **140**

教学实例   **142**

设计点评   **143**

课后练习   **144**

第1章

轨迹探寻——书籍设计的渊源

《中庸》记载："书者，述也，以载道，以寄情，以解惑，以明智。"这段话表明，书籍是人类文明和进步的重要标志之一。它是借助于文字、图画和其他符号，在一定材料上记录各种知识，清楚地表达思想，并且制装成卷册的著作物。随着历史的发展，书籍作为积累人类文化的重要工具，在书写方式、所使用的材料和装帧形式，以及形态方面，也在不断地发生变化。纵观历史，从古至清代，所有的书籍其形式可分为三期：第一时期，从商代到周代末期，为简牍时期；第二时期，从秦至唐，为卷轴时期；第三时期，由宋朝至清末，为线装时期。在几千年的历史长河里，它一直在社会经济、技术、文化水平的影响下演变，这种影响是自然的、深层次的。

1.1 永存的记忆——书籍的初级形态

迄今为止世界上发现最早的书是在5000年前古埃及人用纸莎草纸所制的书。公元1世纪时，希腊和罗马用动物的皮来记录国家的法律、历史等重要内容，和中国商朝时期的甲骨文一样都是古代书籍的重要形式。甲骨文是我国商朝时期（约公元前17世纪至公元前11世纪）的文化产物，距今约3600多年。兽骨、龟甲上的甲骨文，以及青铜器上的钟鼎文，都是我国最初的书籍形式，如图1-1所示。

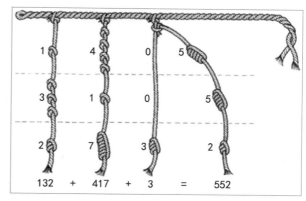

◆ 1-2 用绳结大小表示数目

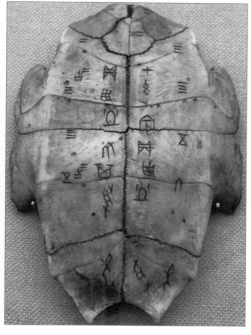

◆ 1-1 甲骨文主要是记载当时统治阶级的情况，而不是以传播性质为主要目的，不完全是真正意义的书籍

◆ 1-3 具有绳结特征的象形文字

1.1.1 结绳记事

结绳记事被认为是最原始的文字，是因其对事物的记事功能对应于今天的文字功能，有不少记载表明了它的存在和在当时社会的功能。如，"上古结绳而治"（周易·系辞下），印证了结绳记事"古者无文字，其为约誓之事"的社会功能。将结绳艺术化，形象地表示自然界的事物，是对思维的解释，是从多角度注释思维的变化。

人们很早就将绳打结来记事，直到现在，南美的印第安人偶尔还会用绳结大小表示数目，如图1-2所示。"结"在结绳上体现的是一种手法，用在记事上则是包含有内容的称谓，所以结不是一个孤立的实物结，是后人对结绳记事的概括称谓。所以，"结"不同于"记号"。记号一般是附带场景才能让记号有特定的意义，而在许多象形文字中，我们可以看到绳结的痕迹，这说明结绳记事已经脱离了场景，单独成了记事的符号，如图1-3所示。

1.1.2 形象化的图画表现

岩画是一种相较于其他艺术形式而言具有不同的具体内容和表现形式的特殊的艺术，它多方面地记载了古时候人们的生活，充分地反映了古人的审美观念。岩画刻或画在岩石表面，单就画面本身而论，它是平面的，只有两度空间，但如果把画面与其所凭借的石壁联系起来看，它又是立体的，具有三维空间。岩画是介于绘画和雕刻之间的艺术，因此它具有绘画和雕刻的双重特点，如图1-4至图1-6所示。

◆ 1-4 祭水神舞蹈岩画，选在蓝天碧水的地方，在阳光或月光照射下，会产生一种奇异的色彩，众多的男男女女醉舞狂歌，人声、水声、风吹竹叶声、敲锣声、击鼓声、撞钟声，交织在一起，形成十分壮丽的场景

◆ 1-5 中国的这种"开放式"的岩画，不需要如实地再现自然，而是要重点突出地表现自然，故色彩单纯

◆ 1-6 欧洲洞穴岩画色彩丰富

1.1.3 有意识的陶器描绘

在陶器上刻画符号或文字，在我国起源很早。汉字产生前，最像是文字的符号就是陶文。众所周知，现在已出土的陶文以半坡陶文为最早，如图1-7所示，大约自公元前4800至公元前4300年之间。除半坡陶文外，较有名的还有丁公陶文、高邮陶文等。

◆ 1-7 半坡出土的彩陶。这个钵是用红色的土做的，黑色作画，可见古人对鱼的描绘。鱼的画法非常有趣，头部是一个三角形，眼睛是一个圆圈加一点，身上的鳞片则用交叉的网格纹来代表，鱼的嘴尖上还有两根须

◆ 1-8 半坡遗址彩陶器上的刻画符号

陶文作为一种具有"标记"和"表号"性质的符号，被认为是汉字的最早雏形，与甲骨文、金文和石鼓文等，同为研究我国古代文字的重要资料。

1.1.4 自然物化的甲骨低吟

　　甲骨文是殷商时代（公元前14世纪至公元前11世纪）用于王室占卜记事的文字，故又称"卜辞"。又因甲骨文基本上都是契刻在龟甲兽骨上的文字，又称"契文"。甲骨文，是中国最古老的汉语言文字，出土在河南安阳小屯一带。这里曾是商代后期商王盘庚至帝辛的都城，史称为"殷"。商灭国，遂成了废墟，后人便以"殷墟"名之。因此，甲骨文也称"殷墟文字"。

◆ 1-9 具有对称、稳定格局的甲骨文　　◆ 1-10 甲骨文瘦劲坚实，挺拔爽利，并富有立体感，表现了古人镌刻的技巧和书写的艺术特色

　　甲骨文具备了用笔、结字、章法三个要素，具有对称、稳定的格局，如图1-9、图1-10所示。从用笔上看，因是用刀契刻在坚硬的龟甲或兽骨上，所以，刻时多用直线，曲线也是由短的直线接刻而成。从结字上看，甲骨文外形多以长方形为主，间或少数方形，具备了对称美或一字多形的变化美，但比较均衡对称，显示了稳定的格局。从章法上看，虽受骨片大小和形状的影响，仍表现了镌刻的技巧和书写的艺术特色。"甲骨书法"现今已在一些书法家和书法爱好者中流行，就证明了它的魅力。另外，就结字而言，甲骨文在结字上还具有了方圆结合，揖让开合的结构形式，有的字还具有或多或少的象形图画的痕迹，具有文字最初发展阶段的稚拙和生动。

◆ 1-11 建筑记载也是甲骨文的一大起源

　　从甲骨文中许多有关建筑的字形上，可以了解中国远古时代建筑的结构形式及其发展脉络。以甲骨文"高"字为例，如图1-11所示。从它的字形上，可以推断在商代已有了一种建造在土台上的建筑。其下部应该看作是土台中挖有一口地窖，这是私有制抬头和家庭出现后的一种建筑方式。其上部可以看成是一栋既有屋顶又有墙身的建筑。墙的出现在中国远古时代是个了不起的创造。用墙围合而得到的室内空间，比只用屋顶的要高大得多，这也正符合了"高者，崇也"的字义。

1.1.5 承转阴阳的青铜晦语

　　在古时，青铜器作为一种记事耀功的礼器而流传于世，是权利和地位的象征。世界上最早的青铜器出现于6000年前的古巴比伦两河流域。甘肃马家窑文化遗址出土的单刃青铜刀，是目前已知的我国最古老的青铜器，如图1-12所示，同时也是目前世界上最古老的青铜刀，经鉴定距今约5000年。从照片中我们可以感受到青铜老刀的锈痕，似乎在向人们诉说数千年前它与主人一同经历着的故事。除了锈迹斑斑的视觉语言外，青铜器上的铭文作为我国古文学研究的一项重要内容，在用自己的方式承转着阴阳。

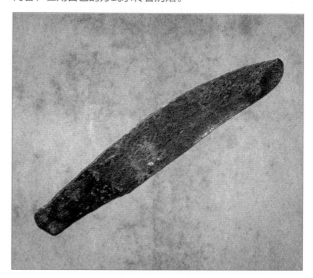

◆ 1-12 锈迹斑斑的单刃青铜刀，在用自己的方式承转着阴阳

　　青铜器上的铭文，字数多少不等，所记内容也很不同。其主要内容大多是颂扬祖先及王侯们的功绩，同时也记录重大历史事件。如著名的"毛公鼎"有497个字，在目前所见青铜器铭文中为最长，如图1-13、图1-14所示。

◆ 1-13 《毛公鼎》为西周晚期青铜器，因作器者毛公而得名，1843年出土于陕西岐山（今宝鸡市岐山县），现藏于台北故宫博物院。高53.8cm，腹深27.2cm，口径47cm，重34.7kg。口饰重环纹一道，敞口、双立耳、三蹄足

◆ 1-14 《毛公鼎》铭文的内容可分成七段，记载了周宣王即位之初，亟思振兴朝政，于是请叔父毛公为其治理国家内外的大小政务，并饬勤公无私，最后颁赠命服厚赐，毛公因而铸鼎传示子孙永宝

1.1.6 永恒伫立的石刻表白

石鼓文是中国最早的石刻文字，因其刻石外形似鼓而得名。石鼓文为四言诗，发现于唐代初年，共计10枚。石鼓高约3尺，径约2尺，分别刻有大篆四言诗一首，10首计718字。因其内容最早被认为是记述秦王出猎的场面，故又称"猎碣"，如图1-15至图1-17所示。

◆ 1-15 刻有籀文的鼓形石，现藏于故宫博物院石鼓馆。

◆ 1-16 体势整肃，端庄凝重的石鼓文。

◆ 1-17 石鼓文比金文规范、严正，但仍在一定程度上保留了金文的特征，它是从金文向小篆发展的一种过渡性书体。

1.2 飞舞的形态展示——书籍的历史演进

我国最早的正式书籍形式从"简牍"开始。简牍始于商代（公元前14世纪），一直延续到后汉（公元2世纪），沿用时间很长。古人把用竹做的书，称为"竹简"，如图1-18所示；用木做的，称为"版牍"，如图1-19所示。"竹简"与"版牍"统称为"简牍"。简牍上的文字，大多用毛笔蘸墨书写，写错了用刀子刮去，再重新写。我国古代的许多著作都是写在简策上，如《春秋》《诗经》《周易》，伟大诗人屈原的《离骚》，司马迁的《史记》等。为便于阅读和收藏，用绳将简按顺序编连起来，后人称这种装帧形式为"简策装"。

◆ 1-18 竹简

◆ 1-19 版牍

据史书记载，我国早在西汉初期已有用于书写的麻纸，200年后由蔡伦组织并推广了纸的生产和精工细作，促进了造纸术发展。至晋代时，纸最终取代帛简成为主要的书写材料。书写材料的改变直接影响到了书籍的装帧形式。此后，卷轴装、旋风装得到了发展，而后衍生出新的书籍装帧形式，即经折装和梵夹装。书体完成后以木板或者硬纸板作为装帧材料，用于保护书籍，这与现代的精装书籍在装帧形式上非常相似。这种新的装帧设计不仅起到了很好的保护书籍的作用，也可以在木板或者硬纸板上进行一些创意装饰设计，比如在书籍封面贴上签，标记书名等，与现代书籍广泛采用的封面、封底设计具有异曲同工之妙。

在印刷术发明之前，书籍的复制都是由手工完成，其成本与耗时之高都可想而知。到北宋庆历年间（1041年至1048年）中国的毕昇发明了泥活字，标志着活字印刷术诞生。活字印刷术的发明是印刷史上一次伟大的技术革命。他是世界上第一个发明人，如图1-20所示。此后，元代王祯成功创制木活字，发明了转轮排字，如图1-21所示。

◆ 1-20 毕昇（约971至1051）北宋布衣。我国古代伟大的发明家。其发明活字印刷术，比德国人古腾堡发明金属活字印刷早400多年

◆ 1-21 转轮排字是将活字字模进行分类排列，一人读声，一人检字，既提高效率，又减轻劳动强度

从中国古代书籍的历史演进可以看到，书籍的材料形态、装订形态、印刷形态的演变，决定了书籍存在的形态。

1.2.1 材料的形态展示

记录语言，在几千年前就是人们生活中的行为，发明文字并记录下来，人们使用了各种各样的媒介。如埃及的纸草、中国的竹简木牍和丝帛、巴比伦的泥版、罗马的蜡版及羊皮、印度和缅甸的贝叶。每一种书写材料的使用，都为后人留下了十分珍贵的文化遗产。

1. 埃及的纸草

纸草又称纸莎草，属莎草科，是生长在尼罗河三角洲地带的一种沼泽植物，古代埃及曾经盛产此种纸草，但现在已经濒临灭绝。纸草可以做绳、筐、鞋子等，甚至还可以制造小船，当然，纸草独特的用途是用来制作纸张，如图1-22、图1-23所示。

◆ 1-22 埃及纸莎草

◆ 1-23 写有文字的纸草纸，可以清晰地看出纵横交错的纸草相叠而成

埃及的纸张发明其实要比中国早几千年，当时的纸张就是以纸莎草为原料做的。古罗马作家老普林尼（公元23年至79年）在其《自然史》中记叙了制作过程。

2. 中国的竹简木牍

竹简，一种将文字、图像或其他特定的符号写在事先加工过的竹片上的书籍形式，如图1-24所示。将文字、图像或其他特定的符号写在较宽的木板上称"木牍"。竹简、木牍，称为"简牍"。

◆ 1-24 竹简书

在纸发明以前，简牍是中国书籍的最主要形式，如图1-25所示。编连竹木简多用麻绳，也有的用丝绳（称"丝编"）或皮绳（称"韦编"）。史书就载有"韦编三绝"的历史典故。

◆ 1-25 不同尺寸的竹简

简牍的形成在传播媒介史上是一次重要的革命，它的产生是顺应时代发展的具体体现，对后世书籍制度的建立产生了深远的影响。直到今日，"册""卷""编"等书籍的单位、术语，一直沿用至今。

3. 巴比伦的泥版

早在公元前3世纪，古代中东美索不达米亚地区（现在的伊拉克）出现了最原始的一种图书——泥版书，其文字属于象形文字之一。泥版书起源于西亚，后来传到希腊克里特岛、迈锡尼等地，刻写其上的文字分为楔形文字和线性文字，因此又分为楔形文泥版文书和线性文泥版文书，如图1-26至图1-29所示。

泥版书是使用黏土制成每块规格相同、重约一千克的软泥版，然后用斜尖的木制笔在软泥上刻写文字。文字刻写后放在阳光下晒干，再放入火中烘烤。一部泥版书包括若干块刻有楔形文字的泥版和带有标记可容纳这些泥版的容器，木架是其中的一种容器，泥版按顺序排列在木架上供人使用。

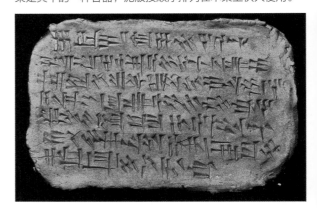

◆ 1-26 楔形文字是古代两河流域的一种独特的文字，是人们用制成的三角尖头的芦苇秆、木棒或骨棒当"笔"，在软泥板上写成"楔形"的文字

◆ 1-27 线性文泥版，文字形态明显区别于楔形文字

◆ 1-28 数学泥板书，凝结了古代巴比伦人的智慧

◆ 1-29 关于契约、债务清单等泥板书

4. 罗马的蜡版

　　蜡版是世界上最早的、可重复使用的记事簿，也是最原始的一种图书。用蜡版作书写材料是古罗马人的发明。在古罗马时期，罗马人记录日常生活和行政方面的文字除了用卷轴外，还会用蜡版，代替了从外地引进的纸草纸和羊皮纸。我国宋绍圣元年（1094年），在开封有人用蜡版刻印状元捷报。另外，我国清道光元年（1821年），广州地方官府的辕门钞，就是在木板上涂有与松香混合蜂蜡刻印的蜡版印制而成，如图1-30、图1-31所示。

◆ 1-30 蜡版，是涂有蜡的木板，有的单片有的连接成册。铁笔，尖的一头，用于在蜡面上书写；扁平的一头，则是写错时，用于抹平蜡面

◆ 1-31 博物馆展出的古罗马蜡版

5. 印度、缅甸的贝叶

　　贝叶是贝多罗树的叶子。古时缅甸人、印度人用贝多罗树的叶子刻写佛经后涂上煤油，字迹即可显现出来，再用细绳将刻好的贝叶串联起来即成"贝叶书"。贝叶书，亦称"贝叶经""贝书""贝编"等。唐代高僧玄奘西去取经，取回来的就是《贝叶经》。贝叶耐磨轻便，千百年后字迹仍可清晰辨认，如图1-32至图1-35所示。

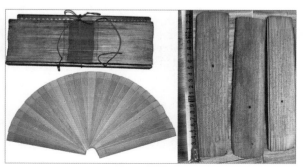

◆ 1-32 贝叶经书的制作局部

◆ 1-33 有金边的贝叶经书

缅甸的贝叶经也用铁笔刻写，刻写时，书写人席地而坐，把书写架放在腿上，然后把贝叶放在一个用布包裹的圆球上，用铁笔在上面刻写。刻写完后，在叶面上均匀地涂上一层煤油，以显示字迹。为了便于区分和识别，贝叶一般还被染上色，有的用黑色树胶染成黑色，也有的仅在叶片边缘涂一层金粉加以保护和装饰。

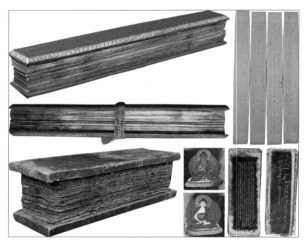

◆ 1-34 有夹板的贝叶经书

◆ 1-35 有释迦牟尼画像的贝叶经书

刻写贝叶的人往往是专职的，虔诚的佛教徒常常雇佣这些专职刻工在贝叶上刻写经文，完工后用绢带捆扎起来，捐献给寺庙。绢带上织着捐献者的名字、地址和所行的善事、功德。刻写在贝叶上的字小如芝麻粒，字体精细工整，就像一片片精美的工艺品，有些经页中间还贴有释迦牟尼的画像。

6. 古罗马的羊皮

在古希腊和古罗马，人们都习惯用小牛皮或羊皮加工制作成"皮纸"，当作高级书写材料。皮纸由专门的工匠制作，工匠首先把胎牛皮、小牛皮或羊皮加工鞣制，使其软化，然后用器具刮上面的附属物，让组织表面变得平整光滑且柔韧稀薄，即"羊皮纸"，如图1-36、图1-37所示。

◆ 1-36《死海古卷》希伯来文书写的早期犹太教、基督教的经文

◆ 1-37《马其顿战争》，公元100年前后，德·贝里斯·马克托尼西斯所著的《马其顿战争》作为最早的羊皮纸书册，现藏于大英图书馆

7. 中国的丝帛

丝帛，丝与丝织物的总称，"未织者为丝，已织者为帛"。中国丝织品起源于五千多年前的新石器时代。在战国时期，人们用帛作为载体进行书写，此为"帛书"。这些帛书是珍贵的文物，尤其对于研究书法史有着重要的史料价值，如图1-38、图1-39所示。

◆ 1-38 长沙子弹库楚墓帛书

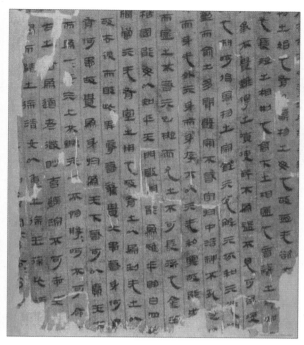

◆ 1-39 马王堆帛书

帛书的书法艺术，在力求规范整齐之中又现自然之态。其排列大体整齐，间距基本相同；其字体扁平而稳定，均衡而对称，端正而严肃，介于篆书与隶书之间；其笔法圆润流畅，直有波折，曲有挑势，于粗细变化之中显其秀美，在点画顿挫中展其清韵，充分展示出作者将文字进行艺术化表现之追求。

8. 纸张的发明

早在班固的《汉书》中，记载了公元前12年用纸包药事例。特别是21世纪以来在甘肃天水放马滩、敦煌马圈湾烽燧遗址、敦煌甜水井汉悬泉邮驿遗址出土的西汉纸，以现存实物证实了远在蔡伦发明造纸术之前，西汉就已出现了纸张的使用，如图1-40、图1-41所示。

◆ 1-40 蔡伦（？-121）字敬仲，东汉桂阳郡人。蔡伦改进了造纸工艺，对人类文化的传播和世界文明的进步作出了杰出的贡献

◆ 1-41 造纸的过程

纸的发明具有重要的历史意义。它是中国为人类文化的传播和发展做出的一项十分宝贵的贡献；是书写材料的一次革命，为印刷术提供了必不可少的承印材料；推动了中国、阿拉伯、欧洲乃至整个世界的文化发展。

1.2.2 装订形态展示

书籍装订是从配页到上封成型的整体作业过程，大体可分为中式和西式两大类。中式，以线装为主要形式。其发展过程，大致经历简策装、帛书装、卷子装、经折装、旋风装、蝴蝶装、包背装，最后发展至线装。现代书刊除少数仿古书外，绝大多数都是采用西式装订。

西式，分为平装和精装两大类。

1. 卷子装

卷子装的形式始于汉代，卷的材料有帛的，也有纸的。在公元前105年以前，其材料大部分是缣帛。卷子装是中国古书装帧形式之一，亦称卷轴装。是指将印页按规格裱接后，使两端粘接于圆木或其他棒材轴上，卷成束的装帧方式。卷子装除了记载传统经典史记等内容以外，就是众多的宗教经文，中国多是以佛经为主，西方也有卷子装的形式，多是以圣经为主，如图1-42所示。

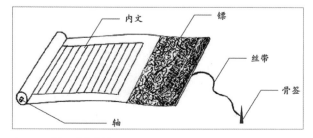

◆ 1-42 "卷子装"结构图

完整的卷子装一般由褾、内文、轴、签、丝带以及书盒等组成。卷时从左向右进行，在末端装裱一段纸或丝绸，叫作褾，褾头再系上丝带，用以捆缚书卷。自卷子装出现以来，褾一般采用花纸、丝绸，质地坚韧，不写字，起保护作用；内文常见花纸及布料；轴多用象牙、紫檀、玉、珊瑚、琉璃等；签有象牙、玉石、塑料等；丝带通常使用棉料、丝绸。

卷子装有精装、简装两种形式，如图1-43所示。简易的只需将写好的长条纸书，从尾向前卷起，系住。现存大量的唐、五代以前的敦煌遗书，多是这种简易的卷子装，精致的主要表现在轴、签、丝带上。

◆ 1-43 卷子装

2. 梵夹装

在1000多年前的唐朝，古印度佛经的传入带来了新颖且独具特色的书籍装帧形式——梵夹装，这给古代中国固有的卷轴装和简册装带来了不小的冲击，我国古代书籍装帧从此进入了册页形态。

最初的梵夹装是用于装订已刻写经文的贝多罗树叶。其过程是将刻写好经文的贝多树叶，依次摞成一摞，在摞的上下各夹配一块与经叶大小长短相同的竹片或木板，于夹板中段隔开一定距离连同经叶垂直穿两个小圆洞。再用绳索两端分别穿入两个洞，直至穿过另一边的夹板，将绳索勒紧结扣，一部梵夹装的书籍就算装帧完毕。这种装帧方式主要用于藏文、藏经，西藏吐蕃时期古藏文书籍的主要装帧形式就是梵夹装，如图1-44、图1-45所示。

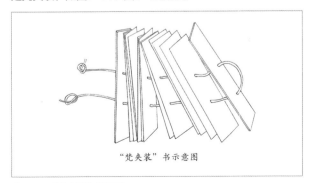

"梵夹装"书示意图

◆ 1-44 "梵夹装"示意图

◆ 1-45 梵夹装

3. 经折装

唐朝末年，书籍的装订形式出现了经折装。经折装的书籍其实还是一幅完整长卷，沿书文版面间隙，一反一正地叠起来，形成长方形的一叠，首末两页各加以硬纸进行装订。阅读时，可以一折折地看，收拢后为一长方体，更节省存放空间。这种装订形式已完全脱离卷轴。从外形上看，它近似于后来的册页书籍。是卷轴装向册页装过渡的中间形式，如图1-46、图1-47所示。

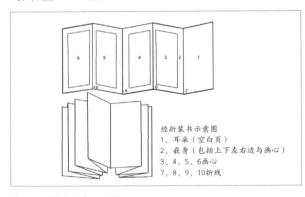

经折装书示意图
1、耳朵（空白页）
2、嵌身（包括上下左右边与画心）
3、4、5、6画心
7、8、9、10折线

◆ 1-46 "经折装"示意图

◆ 1-47 经折装

印制上，经折装有的一面印字，有的两面印字。两面印字者，看完一面再翻过来看另一面，也很便利。受印度传入的佛经梵夹装订形式的影响，我国古代的佛教徒很喜欢采用经折装的装订形式。

4. 旋风装

旋风装是中国古代图书的装订形式之一，亦称"旋风叶""龙鳞装"。唐代中叶已有此种形式，如图1-48、图1-49所示。

◆ 1-48 旋风装

旋风装是在经折装的基础上加以改造的。经折装出现后不久，人们就发现这种装帧方式的书籍易散易断，于是就将卷轴装和经折装结合起来。人们把写好的纸页，按照先后顺序，用一张长纸依次相错地将书籍的首页和尾页粘接，像鱼鳞一样，形成了旋风装的书籍装帧方式。这样翻阅每一页都很方便。收卷时，书叶鳞次朝一个方向旋转，宛如旋风，所以又称"旋风卷子"。现存故宫博物院的唐朝吴彩鸾手写的《唐韵》，用的就是这种装订形式。

◆ 1-49《唐韵》

5. 蝴蝶装

蝴蝶装就是将有文字的纸面朝里对折，将对折好的一叠单页的折缝处粘连在一张纸上，外面包上硬纸，成为一册书。打开后各页左右对称，状如蝴蝶展翅，故称"蝴蝶装"。蝴蝶装在宋代最流行，元代沿用，到明代被淘汰，如图1-50、图1-51所示。

在蝴蝶装中，包在书前后的硬纸叫书衣，书衣正面左边贴着写有书名、册次的狭长纸条叫书签，书册上端切齐之处叫书头，下端切齐之处叫书根，翻阅的一边叫书口，另一边叫书背或书脊。

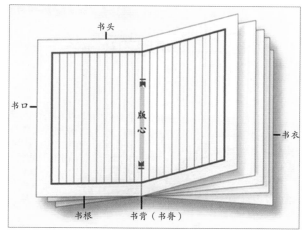

◆ 1-50 "蝴蝶装"示意图

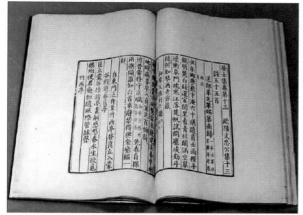

◆ 1-51 蝴蝶装

蝴蝶装适应雕版印书的特点，版心藏于书脊，上、下、左、右四边都是栏外余幅，有利于保护栏内文字。

6. 包背装

一般认为包背装起于元代，到明中期以前多用此法。元代，包背装取代了蝴蝶装。

包背装是对折页的文字面朝外，背向相对。两页版心的折口在书口处，所有折好的书页，叠在一起，戳齐折扣，版心内侧余幅用纸捻穿起来。用一张稍大于书页的纸贴书背，从封面包到书脊和封底，然后裁齐余边，这样一册书就装订好了。包背装的书籍除了文字页是单面印刷，且又每两页书口处是相连的以外，其他特征均与今天的书籍相似。元末明初多用包背装，明代的《永乐大典》、清代的《四库全书》，都采用的是包背装，如图1-52至图1-54所示。

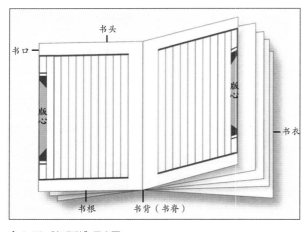

◆ 1-52 "包背装"示意图

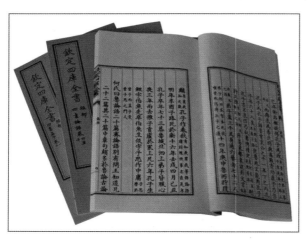

◆ 1-53 包背装

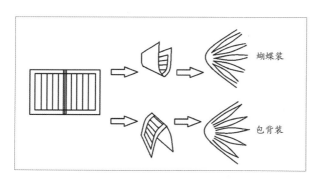

◆ 1-54 蝴蝶装、包背装对比图

由于包背装的版心向外，竖放会磨损书口，所以包背装图书一般是平放在书架上。包背装图书的装订及使用较蝴蝶装方便，但装订的工序仍较为复杂，所以不久即被另一种装订形式——线装所取代。

7. 线装书

线装书是由蝴蝶装和包背装发展而来的。线装书产生于宋代，盛行于明代万历年以后，不用整纸裹书，而是将前后分开为封面和封底，不包书脊，用刀将上下及书脊切齐，打孔穿线，订成一册，如图1-55所示，其明显特征是装订的书线露在书外。一般用四眼订法，较大的书用六眼订法（如图1-56所示）、八眼订法，讲究的还在上下角进行包角。其结构为：书衣（封面）、护页、书名页、序、凡例、目录、正文、附录、跋或后记，与现代书籍次序大致相同。线装书只宜用软封面，且每册不宜太厚，所以一部线装书往往分为数册、数十册。于是人们把每数册外加一书函（用硬纸加布面作的书套），或用上下两块木板以线绳捆之，以利保护图书，如图1-57所示。

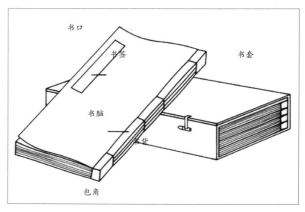

◆ 1-55 "线装书"示意图

◆ 1-56 六眼订法线装书

◆ 1-57 精装本线装书

1.2.3 印刷形态展示

在国家标准GB9851.1-1990《印刷技术术语》中，印刷的定义是："印刷是使用印版或其他方式将原稿上的图文信息转移到承印物上的工艺技术。" 而最新的国家标准GB/T9851.1-2008中将印刷定义为："使用模拟或数字的图像载体将呈色剂/色料（如油墨）转移到承印物上的复制过程。"从对印刷定义的变化中我们清楚一点，对于某一事物的定义，会随着时代的发展产生新的要求和意义。

1. 铅活字印刷

铅活字印刷，是用铅活字排成完整版面进行印刷的工艺技术。这种印刷工艺技术是用铅、锑、锡三种金属按比例配比熔合而成。机器印刷，是一种比中国传统的铅活字印刷术更为先进的印刷术。

15世纪中叶，德国人谷登堡（GUTENBERG，1400-1468），开始致力于活字印刷的发明研究，后取得成功，被誉为铅活字印刷术的发明者。谷登堡鉴于小号的木活字在制作上有困难，遂选用高硬度的金属材料，主要是含锑的铅锡合金。这种材质可以提高活字的硬度，并确定了三种金属含量的配比，这就是铅活字印刷术。这种技术形成了由拣字、组版、填空、齐行和印刷还字等步骤组成的印刷工艺。用这种方法，人们可以进行快捷、大批量的生产，如图1-58、图1-59所示。

◆ 1-58 谷登堡（1400-1468），德国人，是现代印刷术的创始人

◆ 1-59 古登堡印刷

2. 凸版印刷

使用图文部分凸起的印版进行的印刷（印版上的图文信息高于空白区域），简称"凸印"。这种印刷方式比较老旧，是在印章的启发下逐渐优化改善得来。凸版印刷的原理是：印刷机的给墨装置先使油墨分配均匀，然后通过墨辊将油墨转移到印版上，由于凸版上的图文部分远高于非图文部分，因此，油墨只能转移到印版的图文部分，而非图文部分则没有油墨，如图1-60、图1-61所示。

◆ 1-60 凸版印刷示意图

近几年，柔版印刷进入人们的视线，它是凸版印刷的一种演变，是一种光敏橡胶或树脂型的印版，具有柔软、可弯曲、富于弹性的特点。柔性版印刷的命名是因为它原来是用于印刷表面非常不均匀的瓦楞纸板上，需要印版表面与纸板保持接触，因此应该具有很好的柔性。而且，纸板上未印刷的高点不得印上印版上残余的油墨，这就要求印版上非图文部分具有足够的深度。

◆ 1-61 凸版印刷示意图

3. 凹版印刷

印版着墨于下凹部分的印刷方式，简称"凹印"。凹印的印刷原理与凸版恰恰相反，即印版着墨的部分有明显的凹陷状于版面之下，而无印纹部分则是光泽平滑。印刷时需先把油墨滚在版面上，则油墨自然落入凹陷之印纹部分，随后将表面粘着的油墨擦抹干净（凹陷之印纹油墨不会被擦掉），再放上纸张后使用较大的压力把凹陷之印纹油墨压印在纸上。凡利用此种印刷方法者即称为"凹版印刷"，如图1-62、图1-63所示。

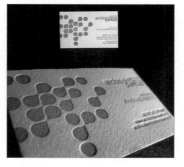

◆ 1-62 凹版印刷示意图

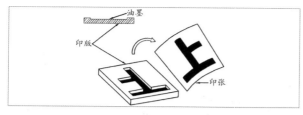

◆ 1-63 凹版印刷示意图

凹印产品具有墨层厚实，色彩表现力较强，层次丰富、立体感强，印刷速度快、效率高、质量高等特点，有一定的防伪性，印刷成本较高，印量大。一般的凹版印刷都能够印刷40万印以上，如果烤版之后则印量更大。所以根据这些突出的优点，凹版印刷在应用范围上，常见于纸币、证券、邮票之类的有价证券，烟盒、酒盒等包装，以及印量比较大的薄膜类印刷，如方便面。

4. 平版印刷

平版印刷的图文和空白部分在同一平面上，利用只有图文部分才能着墨、着色的原理进行图文印刷。平版印刷中的图文部分通过感光方式或转移方式使之具有亲油性，空白部分通过化学处理使之具有亲水性，利用水油相拒原理，对版面交叉地提供水和油墨，只有图文部分能附着油墨，然后进行直接或间接印刷，这种方法统称为平版印刷。在凸、凹、平三种版面印刷中，平版印刷使用范围之广仅次于凸版印刷，居第二位，如图1-64所示。

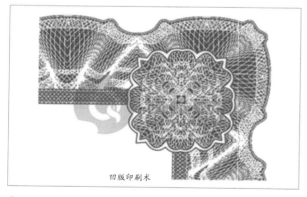

◆ 1-64 凹版印刷术

平版印刷有很多优点，其制版工作简便、成本低廉、套色装版准确，还具有图文清晰、压力均匀、油墨色彩鲜艳、干燥迅速的特点，特别适用于四色网点印刷。印刷版复制容易，印刷物柔和软调，可以承印大数量印刷，大量应用于图书报刊、精致画册、包装装潢、文字材料等印刷。同时，平版印刷的缺点也相对明显，鉴于印刷过程胶印速度过快、压力小，时常出现颜色视觉感较弱的情况。所以，在使用平版印刷套印大面积实地色块的过程中，可以采用叠色或衬底色，如图1-65所示。

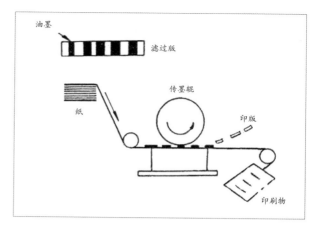

◆ 1-65 平版印刷

5. 孔版印刷

孔版印刷是一种能够满足多元化需求的印刷方式，包括镂空花版、喷花、丝网印刷等。孔版印刷的原理在于印版在印刷过程中通过一定的压力使得油墨可以通过孔版中的孔眼到达承印物上，以形成图像和文字。孔版印刷由于是必须透过网状孔而落下油墨，故其印刷物表面均产生有布纹样式的表现。大部分是以绢布制版印刷，因此多产生绢布的布纹，其他如铜网或塑胶网等均一样产生此种现象。同时，由于油墨是透过网状而达到纸面之缘故，其印刷油墨极厚，用肉眼可以看出厚度。印刷油墨不发亮亦是其特征之一，如图1-66、图1-67所示。

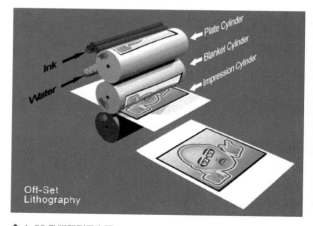

◆ 1-66 孔版印刷示意图

常用的孔版印刷中最常见的就是丝网印刷。丝网印刷是将金属、合成材料、丝网等材质作为印版。丝网印刷的操作便捷、制作简易、价格低廉、色彩鲜艳、保存期长。常见的孔版印刷制品有纺织品上的花纹、衣服上的图案、陶瓷装饰、玻璃装饰、烟酒包装盒等。

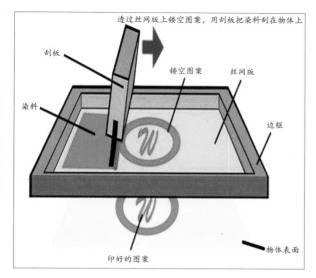

◆ 1-67 孔版印刷

6. 科技、材料、工艺的渗透

　　随着时代的进步与科技的发展，印刷的工艺也在不断发生着变化。在电子书完全能够提供纸质书所拥有内容的今天，越来越多的人仍然保留着纸质书阅读的习惯。作为文明的载体，纸质书从文字到纸质，从墨香到触感，从设计到装订，到处都透出写书人和做书人的用心。

　　现代的书籍设计在完成图文印刷后，需要将其表面进行再次处理。表面再加工处理不仅可以使得印刷品更加美观，对印刷品进行表层保护，还可以进一步提升印刷制品的档次。通常来说，表面特殊处理工艺有模切、压痕、上光、附膜、电化铝烫印、UV油等。常见的表面处理工艺上光就是在印刷品进行最后的加工前，使用上光油对纸板或纸张印件的表面进行加工，使得印刷品的表面更加光滑，油墨层更加闪亮。

　　现代书籍成型设计手法多样，不仅有各类印刷技术，如凹印、压印、烫印、激光雕刻等，书籍的装订技术以及印后表面装饰技术也在不断地发展。书籍设计与印刷之间有着密切的关系。首先，优秀的书籍设计必须要充分展现主题，书籍设计必须要满足印刷生产需求。因此，书籍设计必须要考虑到制版技术的特征、印刷设备的特性、印刷机的特点、纸张的特点等。其次，书籍设计质量要高，才能够提升印刷质量。在书籍设计中，图稿质量应得到足够的重视，避免图片质量不高，图片大小不够协调，墨色浓淡不同，线稿图断线、雪花点等情况都会严重影响到印刷质量。另外，印刷纸张的选择也很重要。可以看出，无论多么优秀的艺术创意都要通过印刷工艺才能够转变成为物化形态的书籍，印刷工艺是将书籍设计师的创意转变为书籍的核心环节，如图1-68所示。

◆ 1-68 *Rolling Words*是SNOOP DOGG推出的一本可以"抽"的歌谣集
本书的特点是页面的材质是上好的大号烟纸，书本的装订方式也便于这些烟纸的轻松取下然后卷一根叶子。一本书，材料与工艺的完美结合给了每一位读者最深的触动。

第2章

内外兼修——书籍设计的颜值与内涵

现代意义上的书籍设计始于工业化时代，它包含了书籍所需的材料与工艺。但书籍设计的工作不仅限于美化、保护书籍，也是设计者以情感与想象来创作与表达，把握、反映书籍内容的特殊方式。传统意义上书籍的功能主要是记述史实和保存知识。但它在传播文明的同时，自身也形成了一个造就全球性阅读空间的流通产业。它既是思想意识的结晶，又具有商品流通的一般功能性。因此，设计师除要考虑书籍的开本、材料、形式、字形、印刷等一系列因素以外，还要考虑如何使图书畅销。书籍设计是颜值与内涵的有机结合，好的书籍设计能够使读者一目了然，从封面到装帧形式、从开本到制作运用、从加工工艺到整体宣传，都是内外兼修的有机体。

2.1 内心的独白

　　书是人类文明的载体，它借助文字、符号、图形，记载着人类的思想、情感，叙述着人类文明的历史进程。书籍装帧作为书籍的重要组成部分，实质是思想交流沟通的一种特殊媒介，发挥着极其重要的作用，并具有独立的审美价值，书籍装帧的不同设计风格彰显着不同的精神文化内涵和品位。随着社会的不断发展，书籍装帧的形式更加多样化，从而形成巍然壮观的书籍设计艺术。书籍设计是在有限的二维空间进行从外表到内心，从平面到立体，从物质到精神的转换。书籍展现的不仅仅是设计者的内心与情感表达，更是作者与设计师的有效沟通与情感再现。书籍设计的独白始于封面，历经环衬、扉页、内文等一系列重要的时间与心理历程，因此这种独白有时会显得孤独，但是有需要通过孤独展现内心的世界，实现一种作者与读者的心灵沟通。书籍设计创造出三维空间的想象，借助人们丰富的生活经历和情感，充分展现出书籍的内容，如图2-1至图2-4所示。

◆ 2-1 韩湛宁《范增　◆ 2-2 创意书籍设计
谈艺录》书籍设计

◆ 2-3《源氏风物集》日本文化书籍设计

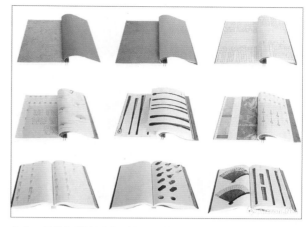

◆ 2-4 吕敬人《怀袖雅物—苏州折扇》
通过独特的纸张、色彩、排版充分表现了古代折扇的历史与独特性。

　　书籍设计带有明显的民族特征，整个设计风格独特，自成体系，将全书作为一个整体进行策划。

　　从历史发展的进程我们可以看出，东西方的思想意识、文化领域都存在很大的差异，因此书籍设计也因文化底蕴和历史背景的不同而产生了巨大差异。西方文化源于古代希腊、罗马文化和希伯来文化，发展并成熟于欧洲。总体来说，西方文化以人为中心，其核心是理性和科学，如图2-5所示。

　　中国文化以儒家为指导，强调主观与客观相融合，追求天、地、人和的艺术表现形式，物我不分，天人合一的境界。中国艺术是一种内心的体验与自然的融合，中国传统艺术中重意境与手法表现，即"以形写意""形神兼备"。中国文化的观念影响到设计的方方面面，因此中西方书籍设计也带有明显的符号标记，西方书籍设计带有明显的理性特征，中国书籍设计具有含蓄性和充分的想象空间。

◆ 2-5 AM&J团队 *European Capital of Culture Programme Book*
整个设计以红、黑为主色调。值得一提的是，为了给读者不一样的阅读体验，AM&J采用了日本图书的装订方式，在书页相连的内里，印刷了有趣的文字和诗歌，而这些只有当读者狠下心来撕开书页才能看到。

2.1.1 东西哲学思想比较

　　不同的环境、不同的地域与文化及不同的生存形态造就了不同的思想意识，东西方在语言形式、思想形态、关注领域、表达形式、肢体语言等方面都存在众多差异。东方哲学以中国传统中"天人合一"为基调，从本质上不同于西方。西方哲学来源于古希腊，一方面古希腊是一个海洋国家，航海导致了希腊天文和气象知识的发达，开拓了人们的视野，使人们在进行商业往来和不断拓宽生产生活方式的同时，对交往方式、商业模式、得失成败等进行了重新审视，促使人们加强了对自身之外的自然的研究和思考；另一方面西方哲学来源于古希腊神话，神话通过想象将天、地、日、月、星、辰、水、火等都赋予了人以外的超自然力量，古希腊的神话思维倾向在人之外有一种超越人本身的、巨大的、普遍的本质和力量主宰人间万物，人类生产、生存活动皆以此为契机，这是古希腊人对世界本源、宇宙生成、事物原因的朴素思索和最初揣摩。书籍是民族文化的主要表现形式，是文化底蕴的产物，是信息的传递与传承方式，因此自产生以来备受关注，一度成为统治阶级的特权。民族书籍是传统文化的载体，同时又受传统文化的影响，不同的文化背景、思想意识、时代风貌、生活形式等，需要不同的载体进行宣传、表现，同时载体在进行文化形式传播和表现的同时，也进行着自身的演变和成为传统文化的助推者，如图2-6至图2-8所示。

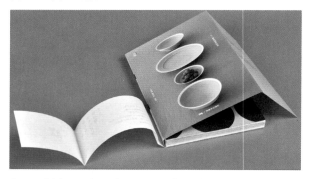

◆ 2-6《食与器：一日三餐的视觉味道》100多张高清彩图，从手稿、手作过程到器物成品，窥探最真实的食器诞生过程，领略从传统到创新的独特魅力，分享设计师和创意人的生活态度

◆ 2-7 书籍封面设计不同的文化特点产生不同风格的设计表现形式，西方设计更加注重色彩的对比和抽象图形的表现

◆ 2-8 日本Masaomi Fujita关于四季生活的书籍设计
　　色彩典雅，图形采用四个方形和不同的抽象图形进行寓意，内部色彩与封面色彩形成统一风格，文字采用图形文字，增加了趣味性。

2.1.2 西方书籍设计风格表述

　　我们能看到的现存书籍形式是从公元2至4世纪的古抄本开始的，迄今为止出土较早的是约在公元前3000至前2500年的古埃及抄写在莎草纸上的典籍。最早的书籍是古埃及以手卷的形式存在的书籍，莎草纸作为承载媒介，带给现代人一种对古时代生活情境的遐想。公元前2世纪小亚细亚帕加马城开始制作的羊皮纸，在传入欧洲后，得到大量推广，成为华丽的羊皮纸书。这些古籍书来源于近东及中东地区的古抄本书籍，也就是将书页折叠起来，缝制成册，我们称这种书籍形式为Codex。书籍的装订于八九世纪开始出现变化，伊斯兰和中东地区的书籍仍然用滑针的方式装订，欧洲则开始改变装订形式，通过横线将书固定在作为封面和封底的硬板上，到19世纪，西方书籍都是通过手工完成这种传统的装订形式。封面和封底的硬板上根据书籍内容和开本的选取，采用不同的皮料或布料、装饰、压花烫金。以欧洲为中心的书籍装帧形式，有哥特式宗教手抄本书籍，谷腾堡的平装本、袖珍本以及王室特装书籍，接近现代的精装本形式是在16世纪的欧洲出现的。19世纪中期，工业化进程促使书籍装订和装帧也统一规格，开始机械化制作装订材料和模版，如图2-9至图2-11所示。

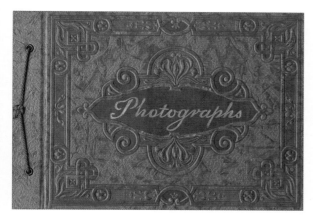

◆ 2-9 欧洲传统书籍设计
较为注重纹饰的装饰，采用皮质进行装帧，显得高贵、豪华。

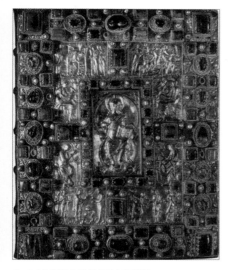

◆ 2-10 欧洲中世纪书籍封面设计
镶嵌技术运用的复杂、丰富，达到了登峰造极的程度，极尽奢华。

◆ 2-11 刺绣书籍设计
材料选用独特，具有质感，画面传统纹样的表现体现了时代感和对传统手工的崇尚。

德国这个民族素以严谨、科学的风格而具有辨识度，体现在书籍设计中也不例外。书籍装帧艺术前期以严谨为主体风格，古典主义是德国装帧设计艺术的主方向，它的字体创作生动，版面设计风格严谨大方。德国的阿伯里奇·丢勒（ALBRECHT DURER，1471—1528）作为著名的画家和插图版面设计师，介入了书籍设计的领域，带来了一股清新、独特的艺术风潮。1498 年他为《启示录》设计的15张木刻插图，是德国木刻艺术的经典之作，如图2-12所示。在丢勒等一批杰出画家、设计家的带领下，德国的书籍装帧设计呈现了强烈的写实绘画气息，版面严谨，层次更加丰富、具有次序感和节奏感。在这种风格的影响下，一些设计家也加强画面插图和文字的色调对比，通过不同外形的插图，形成鲜明的块面对比、色调对比和强弱对比。由于印刷技术水平的提高，字体越来越精细，为书籍的新的风格体现做出了技术支撑，留白成为新的设计风格表现。15世纪末开始，德国的印刷和设计方法流传到各国，在欧洲引发了一个平面设计、字体设计的发展高潮。1919年著名的包豪斯设计学院建立后，构成主义的兴起与提倡，使设计具有了新的格局和新的思想观念，书籍版面设计有了新的变化，发展了新主体意识作为设计风格的版面艺术。这时的版面设计运用强烈的对比，突出点、线、面的主体意识，突破对称性构图，放弃传统的装饰纹样，应用块面和粗细不等的线条，突出主题。这种设计风格普遍应用在科学书籍、专业书籍、摄影画册、美术画册中，并且在许多国家得到了迅速的推广，成为书籍艺术的重要里程碑。德国出色的印刷技术、印刷机械和印刷水平，书籍装帧设计家的设计理念和风格得以很好地实现，如图2-13所示。

◆ 2-12 德国丢勒《启示录》插图设计画风严谨，人物细腻

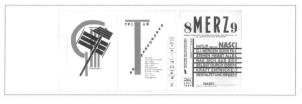

◆ 2-13 李西斯基书籍版式设计
典型包豪斯设计风格，画面简洁，抽象符号表现灵活，文字具有秩序感和节奏感。

作为文艺复兴中心的意大利，其印刷工业和平面设计水平位于设计的前列。文艺复兴时期书籍装帧设计采用各种卷草文样包围装饰着主体文字，大量地采用花卉图案。在文艺复兴后期，设计家在版面的组织编排方面有了比较大的创新，出现了复杂的平面布局。文艺复兴书籍装帧最具有代表性的国家是意大利，主要有两方面的原因：14至16世纪的意大利思想活跃、人文主义思想盛行，新兴的资产阶级对文化有极高的热情；另外，这一时期意大利的商业贸易发达，印刷业比较盛行。大量的需求和繁荣的印刷行业带动了意大利书籍装帧的发展，促使意大利成为文艺复兴时期印刷书籍装帧艺术的代表国家之一，如图2-14、图2-15所示。

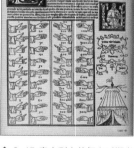

◆ 2-14 意大利文艺复兴时期书籍　　◆ 2-15 意大利文艺复兴时期书籍版式设计字体设计充满了装饰美感

英国早期推崇中世纪的哥特艺术风格，19世纪上半期的书籍追求外表的雍容华丽，其原因是出版商意在满足上层社会读者对尊贵华丽外表的需求，以凸显他们与众不同的身份和地位。这一时期，典型的书籍设计代表作品如《哈伯版插图本圣经》，无论是华贵的图案装饰，首字母的装饰设计，还是木板的插图及环绕的花边装饰都尽显了维多利亚时期艺术的精美与繁华。出版商们更是精益求精，在图书设计和印刷工艺的细节及其各个程序上要求都极为复杂精细，常采用铜版雕刻、书脊锻金、隐形凹凸字体刻印、石版等装帧印刷手法。封面大多用皮、革和棉质布料，并有织金、手工描绘而成的图案，其中含有大量精美插图。这一时期的书籍设计中的插图、图案、版式等都有很大的发展和变化，推动了书籍从内容到封面，从文字到图形，从内涵到表面的系统设计的革新，并形成了自己的风格特点。因此，出现了繁琐的"美术字"风气。到19世纪下半期，设计上由于受到金属活字和新的插图制版技术的刺激，风气更强，繁琐装饰达到顶峰造极地步。后期英国的设计风格简洁、明快、清晰，利用金属腐蚀方式制版的插图和精细而布局宽松的文字字体，使英国的书籍版面在感觉上与现代书籍非常接近，如图2-16、图2-17所示。

◆ 2-16《黄金书》9世纪的神圣罗马帝国皇帝查尔斯二世期间完成，书封面上覆盖着黄金、宝石、蓝宝石、祖母绿、珍珠。这些极其奢华书籍封面通常被称为"宝绑定"。因为这些书是非常有价值的，他们自然成了盗贼的目标。现存完整的书很少能生存到今天，其中有些洞是宝石已经丢失

◆ 2-17《圣经》沙俄叶卡捷琳娜女王倾国力打造，封面上足足镶嵌了3017颗钻石，这本17世纪的《圣经》，已经成为举世无双、无可超越的珍宝，是当之无愧的"史上最贵书籍"

现代书籍设计艺术的发起以19世纪英国设计家威廉·莫里斯（WILLIAAM MORRIS）为代表人物。莫里斯十分注重书籍设计，他主张从植物纹样和东方艺术中吸取营养，书籍设计十分优雅，简洁美观，且讲究工艺技巧，制作严谨。莫里斯的努力唤醒了各国提高书籍艺术质量的责任感，刺激了其他国家在类似途径上的探索。作为对机械化倾向的反抗，威廉·莫里斯等人开始了工艺美术运动，将书籍的手工装订和装帧重新发展为一种艺术工艺形式，手工书籍装帧公司桑格斯 基-萨克利夫就是在这种情况下成立的。在书籍设计领域，威廉·莫里斯坚持回归到中世纪风格的做法虽然有其局限性，但是他对书籍设计在视觉上甚至是触觉上引起的美感和愉悦的重视，打破了维多利亚时代一贯追求技术而忽视艺术品位的俗丽书籍设计风格，唤醒了欧美国家在书籍印刷和制作上的革命。虽然在设计上借鉴了很多中世纪的元素，但威廉·莫里斯的书籍版式和字体设计仍然呈现出鲜明的时代感，适应了19世纪印刷工艺的技术发展条件，其在视觉形式上呈现出的特点与中世纪时期的手抄本是完全不同的。他所创造的书籍设计风格，已经被奉为经典，对世界各国的书籍设计产生了重要影响，如图2-18、图2-19所示。在英国、德国和美国产生了一批私人的小印刷所，其目的主要是为一些书籍爱好者生产精美的书籍。他们致力于美观的字体、讲究的版面设计、良好的纸张和油墨，以及漂亮的印刷和装订，如图2-20至图2-22所示。

◆ 2-18《威廉·莫里斯诗集》扉页草稿，威廉·莫里斯，1870年。画面追崇对自然植物的描绘

◆ 2-19《人间乐园》首字母W木刻印版，威廉·莫里斯设计，约1896年

◆ 2-20 德国人JOHANNES POSTILLA作品，1794（俗称银绑定）

◆ 2-21《金色传说》扉页和首页，威廉·莫里斯设计，1892年

◆ 2-22 19世纪书籍封面设计
追求装饰美感和整个书籍的手工制作形式。

　　各国的艺术流派也为现代书籍的发展做出了巨大的贡献，影响最大的是构成主义、表现主义、未来主义、达达主义、印象派、超现实主义、光效应艺术、照相现实主义等。各艺术流派在书籍的版式、插图及护封设计上都注入了新的内容，改变了人们的视觉习惯，形成现代书籍丰富多彩的艺术风格。从19世纪末开始，这种手工书籍装订在整个书籍出版中的作用，相较于工业化之前有很大区别。工业化之后，人们重新认识到手工装订之美的不可复制性，因此对于手工制作的推崇使这一时期的书籍设计得以重现当时手工制作的自然、淳朴和具有亲近自然的魅力，可以选择将自己的书籍以精美的手工装订的形式呈现出来，手工装帧变成了一种艺术，一种奢侈如图2-23、图2-24所示。

◆ 2-23 英国插图设计师比亚兹莱作品
作品温婉动人，线条柔美，富有装饰性。

◆ 2-24 19世纪书籍封面设计
画面饱满，对称的图式结构具有庄重感，线条细腻。

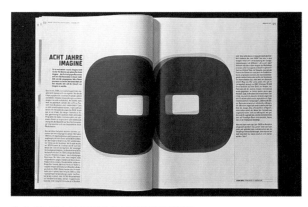

◆ 2-25 瑞士ANOREAS HIDBER书籍设计
画面清新、简明，具有条理性。

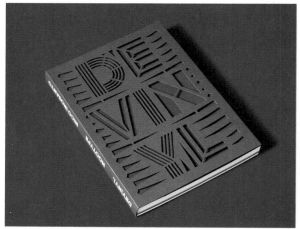

◆ 2-26 瑞士NICO INOSANTO艺术字书籍封面设计与镂空工艺
整个设计简洁明了，色彩突出，黑白对比与画面的特殊工艺和谐统一。

瑞士书籍艺术的特点是严谨、清新，版面设计占主要地位，有强烈的现代感，它的书籍艺术位于世界书籍艺术先进国家的行列，更在第二次世界大战后代替德国占据了世界书籍艺术的中心。瑞士书籍的封面设计表现出简明、优雅、和谐的美；护封在形式与内容的结合上把握巧妙，新颖大方，具有强烈的时代气息；字体和版面设计风格清新、朴素严谨，意境高尚，如图2-25、图2-26所示。

美国是工业化发展较早的国家，书籍设计在广告中也占据了很重要的位置。表现在美国人的设计具有强烈的视觉冲击力，图形语言简洁明了，色调对比绚烂。在商业气息浓重的美国，书籍装帧设计个性凸显，表述强烈，在书籍的有效之处——护封中带有广告。1933年，受德国包豪斯解构主义观点及大批涌入美国的全世界知名设计师的带动下，美国的书籍装帧出现了崭新的现代风格，画面构成简洁、色彩对比强烈、图形语言表述直接，影画册和美术画册比其他种类的书籍有更快的提高，纸张运用、设计意念、色彩配搭和印刷工艺都十分考究，如图2-27所示。

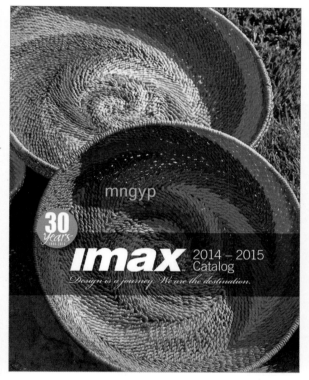

◆ 2-27 美国家具品牌封面设计
摄影图像运用充分、自由，色彩对比鲜明。

◆ 2-28 法国新艺术运动时期设计师尤金·格拉谢特的著名书籍设计《阿芒的四个儿子的故事》
浓厚的绘画色彩表现使书籍变得更加具有艺术水准和欣赏性。

◆ 2-29 法国书籍设计
无处不在的插图艺术增加了阅读的趣味性，凸显法国的艺术水平。

法国的书籍被喻为"美丽的书籍"。乔傅雷·托利（GEOFFROY TORY，1480-1533）等设计家运用严格的数学方法对字体进行设计，规定了对字母进行分析和组合的基本原则，人们还将段首的大写字母运用花卉图案进行装饰。在18世纪，由于洛可可艺术的影响，各种曲线装饰和花体字成为基本的设计要素，非对称的华丽的版面布局成为一种时尚。法国的书籍装帧艺术有着强烈的民主特征，灿烂的历史传统。早在巴洛克艺术风格时期，法国的书籍封面设计的艺术水平已经在欧洲独占鳌头。优秀的插图绘画是法国书籍设计显要的特征，它的光芒掩盖了法国书籍设计艺术的其他元素，因此法国书籍装帧艺术特点是"绘画的书籍"，如图2-28、图2-29所示。

日本书籍装帧设计的发展被称为"奇迹般的速度"。进入20世纪60年代后，由于经济上的飞跃，推动了书籍装帧艺术的发展，形成了今天具有鲜明民族特色的、崭新的日本书籍艺术，日本在学习欧美设计风格的同时，坚持将本民族的精华融入设计领域，形成了独具一格的设计风格。日本的美术画册在许多国家的展览会上，以讲究的装帧设计和最真实地反映原作精神面貌的印刷质量，而引起世界的关注，享负盛名。浏览了世界书籍艺术流派的纷纭色彩，可以看到这样一个现象：日本虽是后起之秀，却"以本土化、东方式的设计理念、造型体系和高技术工艺，和欧美诸强形成三足精立之势"，如图2-30、图2-31所示。

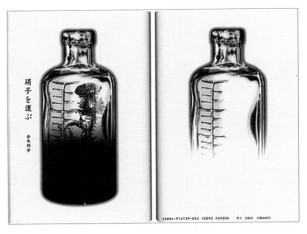

◆ 2-30 高桥善丸的书籍设计
画面富有典型的日式风格，简洁、清新，图形语言表述富有空灵感。

◆ 2-31 日本设计师杉浦康平设计作品
画面充满了理性的符号设计，同时书法艺术与图形符号进行了紧密
结合，凸显日本设计的本土精神和对外来设计风格的融合。

2.1.3　东方书籍设计风格表述

文字的起源和初期书籍的出现是距今大约4000至5000
年前，文字是书籍产生的基本条件，文字在商周时期逐渐稳
定，而文字与载体的有效结合，便是初期书籍的雏形。中国
作为文明古国，在漫长的历史演进中，从现存的甲骨刻辞、
青铜器铭文和早期石刻文字来看，殷周时期是中国初期书籍
发展的历史阶段，如图2-32、图2-33所示。

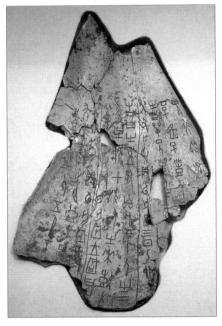

◆ 2-32 甲骨卜辞

◆ 2-33 西周青铜器钟鼎文，是书籍产生的最初形式

石刻文字是世界上许多民族都有的在石头上刻字的记载方法，中国古代也不例外。《墨子》中有"书之竹帛，镂之金石，琢之盘盂"的记载，可见战国及战国以前，在石头上刻字相当流行。这些雕刻和书写在石鼓、玉、石片上的文字，虽不是现代意义的正规书籍，但不失为初期书籍的形式之一。青铜器铭文中记载中国青铜器出现很早，使用的时间从殷朝后期到西汉，大约1300余年。这种铸刻在青铜器上的文字称为铭文，也称金文。严格地说，它也不是正规概念的书籍，但它主要是记载当时统治阶级的情况，而不是以传播知识为目的的著作，因此还不能称其为书籍。最早具有书籍属性的，应该是从中国的简策和欧洲的古抄本开始。

中国的正规书籍大约产生在春秋末年以前，后世尊为"六经"的《诗》《书》《易》《礼》《春秋》《乐》。此时，科学技术方面出现了医书《内经》、药物书《本草》；文学方面出现了屈原的不朽名著《离骚》。在天文、历法、农业、畜牧、历史、地理等方面也出现了专著。随着正规书籍的产生和发展，帛书也开始流行，直到为纸书所取代，如图2-34所示。

◆ 2-34 秦简

纸的发明，是媒介发生的重大转变，它为书籍制作与发展提供了必备的条件，书籍不再是少部分人享用的特殊思想政治工具，普通百姓也可以通过书籍的传播获得享受知识的权利。每一次技术及媒介的发展，都为书籍的发展提供了有利的条件，7世纪初技术发明使书籍的生产方法发生了巨大的变革。唐代的雕版印刷多为佛经、佛画或历日、字书、阴阳、杂书。五代时雕印了《九经》和《经典释文》。宋代书籍生产进入了极盛时期，文人追求淡雅、质朴、返璞归真的气息也为书籍的发展和风格演变打下了深深的烙印，无论官刻私雕，纸墨精良、版式大方、字体端庄、行格疏朗，都成为后世

书籍的楷模风范。明代的雕版印书——套印、饾版和拱花技法，更是把雕版印刷技术推向顶峰。北宋庆历年间（1041-1048），平民毕昇发明了泥活字印书，其制字、排版、印刷的方法，已具备现代铅字排版印刷的基本原理。清代雍正四年（1726）用铜活字排印《古今图书集成》，是中国历史上最大的一次金属活字印书工程，如图2-35至图2-38所示。

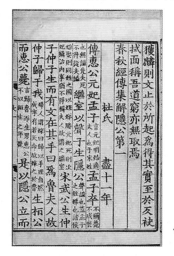

◆ 2-35 宋蜀刻大学本《春秋经传集解》

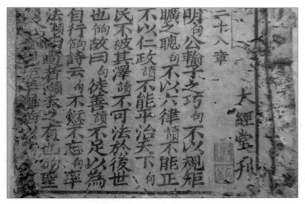

◆ 2-36 元代书籍设计

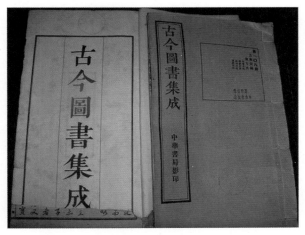

◆ 2-37 清代雍正四年（1726）用铜活字排印《古今图书集成》

◆ 2-38 清刻《康熙字典》
如清刻《康熙字典》就大量采用了加框的手法表示引用和强调，而清刻《钦定春秋传说汇纂》就同时采用了加框和反白两种手法，既有显著的功能性，又不乏为种朴素的装饰。

书籍装帧包括封面、封底、插图、版面、装订形式等的规划、设计与实施，装帧形式随制作工艺、新材料的使用、不断演变的制作方法、快速方便的阅读形式、有效保护书籍的功能而逐渐演变和进行技术更新。竹木简书时代，竹木简及上1道下1道编简成册的编绳所形成的书状，为后世帛书、手写纸书、版印纸书所继承和模仿，奠定了中国书籍版面设计的基本风格。帛书的朱丝栏、乌丝栏，手写纸书、版印纸书的边栏界行都是从竹木简书演化来的。尽管版印书籍在栏线、版式设计上不断创新，诸如花栏、竹节栏、博古栏的出现，在版式上二截版的出现等，但基本格式仍保存着竹木简书的流风余韵，古朴典雅，端庄肃穆。纸书出现以后，在唐代又出现旋风装和经折装。宋、元时代又盛行蝴蝶装。蝴蝶装容易散裂，南宋时又出现了包背装，明代又重新出现并盛行线装。线装是中国古书装帧史上最后流行的形式，也是较为完美的形式，既古朴典雅，又经久耐用，如图2-39至图2-42所示。

◆ 2-41 强调书名的内封　　◆ 2-42 强调书籍特点的内封

中国书籍自古有书有图，书籍装帧形式决定插图的形式与位置。卷轴装的插图多以卷首扉画的形式出现；册页装出现了卷首插画、卷内连续插画或上图下文或左图右文等多种形式。不同的时代、画家、地区、刻制人员插图的风格、镌绘的技巧、景物的布置、人物的勾勒、构图的思想各异。纵观宋代以来所刻书中的数万幅插图版画，尤其是那些彩色套印和饾版拱花套印的版画，把中国书籍装点得更加绚丽多彩，如图2-43至图2-45所示。

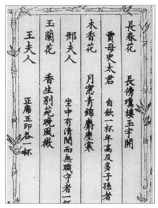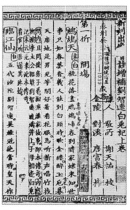

◆ 2-39 竹节栏板框　　◆ 2-40 万字栏板框

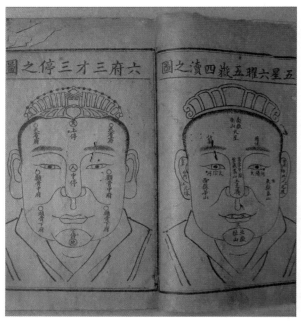

◆ 2-43 古代麻衣神相书籍插图

◆ 2-44 俄罗斯藏敦煌文献残本中的插图

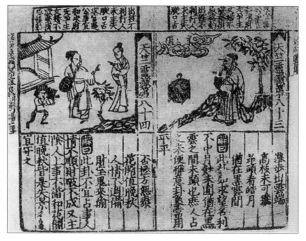

◆ 2-45 南宋刊本中的分栏插图

公元19世纪以后，中国开始采用欧洲的印刷技术，但发展缓慢。直到20世纪初，现代的机械化印刷术才取代了1000多年来的手工业印刷术的地位，书籍的形式和艺术风格发生了变化。书籍的纸张逐渐采用新闻纸、牛皮纸、铜版纸、皱纹纸、牛油纸、压纹纸、字典纸、画报纸、书面纸、毛边纸、打字纸、邮丰纸、拷贝纸等，原来的单面印刷也变为双面印刷，文字也开始出现横排，这样更有利于书籍生产和阅读。

1919年五四运动以后，文化发展出现了新的高潮。鲁迅是中国现代书籍艺术的倡导者，他亲自进行书籍设计，介绍国外的书籍艺术，提倡新兴木刻运动。除封面外，鲁迅先生还对版面、插图、字体、纸张和装订有严格的要求。鲁迅先生不但对中国传统书籍装帧有精深的研究，同时也注意吸取国外的先进经验，因此，他设计的作品具有民族特色与时代风格相结合的特点。随后，许多画家也参与了书籍的设计和插图创作，如陶元庆、丰子恺、陈子佛、司徒桥、张光宇等，他们的研究与探索都为我国的书籍装帧事业做出了巨大的贡献。20世纪80年代以来，商业化的浪潮促使市场出现了大量的书籍设计作品，90年代以来，我国一批书籍设计家们一方面虚心学习先辈们的经验，一方面大胆更新观念，创造崭新的书籍设计理念。这其中以吕敬人先生最为突出，

他提出书籍设计的形态学概念，为我们展现了全新的设计理念。他的设计作品温文儒雅，有着浓厚的传统风味，同时又体现着简约的现代风格，广受国内外的欢迎，如图2-46、图2-47所示。

◆ 2-46 鲁迅书籍设计
陈丹青曾说："鲁迅是一位最懂绘画、最有洞察力、最有说服力的议论家，是一位真正前卫的实践者，同时，是精于选择的赏鉴家。"
鲁迅与民国时期的美术家、书籍装帧艺术家陶元庆的友谊与设计合作，开启了中国近现代平面设计尤其是书籍装帧设计最重要的五年。

◆ 2-47 陶元庆书籍设计

中国传统的审美哲学取其"形"，延其"意"，传其"神"，书籍装帧作为思想交流的重要媒介，装帧形式的不同反映了不同的文化内涵及精神形态。追溯我国的书籍发展史，我们不难发现，民族文化是书籍艺术的底蕴，也是书籍艺术的依托。在民族内涵上，我国喜欢美好的、寓意祥和的事物，所以书籍设计中以对称作为形式美，空白体现一种虚无的空间与空灵的内心世界，书籍以吉祥纹样、文字作为装饰形式。无论何种形式都是人们对现实生活的期许和期盼，因此书籍无一例外也成为人们的精神寄托，如图2-48所示。

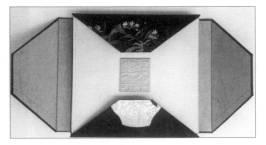

◆ 2-48 书籍设计形式
设计讲究托物言志，传统纹样中的吉祥符号，更是赢得大众认同。

从中国书籍装帧的历史可以看出，传统意义上的书籍装帧的主要任务是保护书籍，其对书籍的美化受当时伦理思想和审美标准的限制。孙庆增在《藏书纪要》中对古代书籍设计作过这样的描述："装订书籍，不在华美饰观，而要护帙有道。款式古雅、厚薄得宜、精致端正，方为第一。古时有宋本、蝴蝶本、册本，各种订式。书面用古色纸，细绢包角，如图2-49所示。

◆ 2-49 金镶玉装帧
更有效地保护书籍的装订形式。

裱书而用小糊粉，入椒矾细末于内，太史连三层标好贴于板上，挺足候干，揭下压平用。需夏天做，秋天用。折书页要折的直，压得久，捉得齐，乃为高手。订书眼要细，打得正，而小草订眼亦然。又须少，多则伤书脑，日后再订，即眼多易破，接脑烦难。天地头要空得上下相称。副册用太史连，前后一样两张。截要快刀截，方平而光。再用细砂石打磨，用力须轻而匀，则书根光而平，否则不妥。订线用清水白绢线，双跟订结。要订得牢，嵌得深，方能不脱而紧。如此订书，乃为善也。"（引自余秉楠《书籍设计》，湖北美术出版社）由此可以看出，中国传统书籍是以实用功能为主的，其审美有着统一的标准，即注重整体效果，以雅为上。

我国传统装帧主要体现在简约、淡雅、质朴、本真这四个特征，古籍书上下直行、自右向左、规整的排版，体现了稳定、中正、和气、简约的形式与心态。书卷气是中国传统书籍设计的典型特征，我国儒家思想和理念反射在文人身上就是追求宁静、淡泊、超脱，顺其自然是一种洒脱的生活境界，明清时期的线装书，"宇大悦目""墨香纸润""版式疏朗"，将作者深深的情感和对世间万物的洒脱有效地表现出来，彰显了文人的文化内涵与追求宁静致远的境界。

2.1.4 东西方书籍设计之对比

现代书籍设计观念已极大地提升了书籍设计的文化含量，充分地扩展了书籍设计的空间。书籍设计由此也从单向性向多向性发展，书籍的功能也由此发生革命性的转化：由单向性知识传递的平面结构向知识的横向、纵向、多方位的漫反射式的多元传播结构转化，如图2-50、图2-51所示。

◆ 2-50 马塞个性书籍创意设计
书籍形式的多样性和纵深性加大了阅读的趣味性。

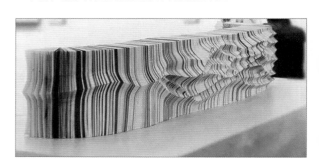

◆ 2-51 韩湛宁《脉流》
实验性书籍设计增加了多种设计的可能与新奇点。

书作为一个整体，书稿内容是最重要的文化主体，故称之为第一文化主体，而书籍设计则成为书的第二文化主体。一本书的装帧虽受制于书的内容，但绝非狭隘的文字解说或简单的外表包装，设计家应从书中解读作者的意图，挖掘深层涵义，觅寻主体旋律，铺垫节奏起伏，用知性去设计表达全书内涵的各类要素。

1. 东西书籍装帧设计现状

东方书籍装帧设计现状：信息时代下，现代媒体形式、媒介载体的转换，传统纸媒面临巨大的挑战，因此传统观念的书籍设计已经满足不了现代社会的需求。吕敬人先生曾对书籍形态学做出这样的解释：书籍形态学是设计家对主体感性的萌生、悟性的理解、知性的整理、周密的计算、精心的策划、节奏的把握、工艺的运筹等一系列有条理、有秩序的整体构建。

形态，顾名思义：形，则为造型；态，即是神态，外形美和内在美的珠联璧合，才能产生形神兼备的艺术魅力。书籍形态的塑造，并非书籍装帧设计者的专利，它是著作者、出版者、编辑、设计家、印刷装订者共同完成的系统工程，也是书籍艺术所面临的诸如更新观念，所以说探索从传统到现代以至未来书籍构成的外在与内在，宏观与微观，文字转达与图像传播等一系列的新课题对书籍的整体效果十分重要，书籍是三次元的六面体，是立体的存在，当我们拿起书籍，手触目视心读，上下左右，前后翻转，书与人之间产生具有动感的交流，这种立体的存在更为明显。（吕敬人《书艺问道》）

总的来说，西方艺术追求直观、理性、科学、严谨，东方艺术则表现为含蓄、感性、空灵。中国的书籍装帧则在以往全盘照收的基础上进行了重新审视，以兼收并蓄的古朴、淡雅为表现手段，以内涵见长，同时散发着典型的东方审美情趣。如今中国装帧设计者在注重本国民族化、传统化精神的前提下，积极与世界新的设计形式接轨，在表现民族的同时，更加重视整体风格的协调、统一，同时提升自身的书籍价值。这种重塑书籍形态的做法意在"破坏"书籍固有模式和纯铅字传递形式的束缚，倡导主观能动有想象力的设计，也就是运用装帧设计语言，来研究装帧审美的创造，如图2-52所示。

◆ 2-52 东方书籍设计，注重传统文化的符号体系

◆ 2-53 吕敬人《梅兰芳》书籍设计

合理表现本土文化的图形，不仅可以丰富书籍内容，同时还可以营造独特的韵味。书籍《梅兰芳》在封面的设计中采用古朴素雅的颜色，并将其剧照放置于封面的右下方，使整个封面既不显得空洞又体现出国西中留白的技法，同时也突显出梅兰芳的生活时代背景。在颜色上以古补淡雅为主，彰显出历史沉淀的韵味，与传记类图书相近，再将书法字体"梅兰芳"三字路式排列，浓厚的重迹与淡雅的色彩形成对比，古朴之感油然而生。浓淡轻重之间微妙的平衡关系，表现出中国书法轻重缓急的韵味。切口的设计更是本书设计的亮点，随着书籍的翻动演绎出梅兰芳台前幕后丰富的生活形象。别出心裁的设计简洁明了地表达出全书的主题，使人在未读其书之前就了解到梅兰芳大师传奇的一生并将传统文化完美阐述出来，全书没有华丽鲜艳的外表，也没有张扬活泼的色彩，古朴素雅中透出浓浓的中国风，这些传统文化美学元素是整本书籍设计的总体特征，如图2-53所示。

《朱熹榜书千字文》是吕敬人设计作品，在内文设计中，他以文武线为框架将传统格式加以强化，注入大小粗细不同的文字符号以及线条，上下的粗线稳定了狂散的墨迹，左右的细线与奔放的书法字形成对比，在扩张与内敛、动与静中取得平衡和谐。封面的设计则以中国书法的基本笔画点、撇、捺作为上、中、下三册书的基本符号特征，既统一格式又具个性。封函将一千字反雕在桐木板上，仿宋代印刷的木雕版。全函以皮带串联，如意木扣合，构成了造型别致的书籍形态。

日本注重本土文化的宣传和对世界先进设计理念的物为我用，体现了禅学精神和画面的空灵之美，设计制作精良、考究，充分阐释了文化传统与民族符号。具体表现为设计风格简约，具有秩序美；注重体现笔墨韵味及民间习俗文化风格；积极运用自然散点的构图，制造多变的视觉效应；纯粹的几何体设计；借方为圆巧用日语汉字，形成理念的表述。以杉浦康平为例，他将浓郁的东方文化气息与强烈的西方理性主义进行融合，使东方文化的精髓发扬光大。在他诸多作品中，将瑞士的网格系统运用到日文特有的竖排格式中，将西方规范化的编辑排版方式与东方神秘的混沌理论意识相结合，杉浦康平曾经说过他的设计是"悠游于秩序与混沌之间"。如他在《银花季刊》杂志上的封面设计便是对这一排版方式最好的阐述。在整个版面的中心插入一张图片，其面积占整个版面的三分之一，给读者视觉上更直观的冲击力，文字的编排是在网格基础上，融汇传统日文的竖排格式，跳跃似的分布在中心图片四周，使得画面更加具有活力和朝气，如图2-54、图2-55所示。

◆ 2-54 杉浦康平书籍设计
充分发扬东方文化精髓,画面具有神秘的东方气息。

◆ 2-55 杉浦康平《银花季刊》
传统与现代相结合,画面轻松愉悦,富有动感。

◆ 2-57 法国封面设计
2001年,M/M Paris 工作室为VMan杂志的第一期创作了一个名为"The Alpha Men"的特别排版。设计师运用扭曲的人体作为设计元素设计一个排版影像。

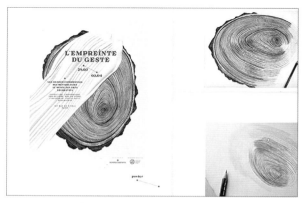

◆ 2-58 法国封面设计
通过黑白对比和肌理对比,强化了信息主体和画面的流动性与丰富性。

西方书籍装帧设计现状:西方设计由于工业进程的催化,一直处于领先的行列,同时技术革命、科技革命、新材料的使用都为设计注入了新的生命,因此多元化的风格和追求个性的审美需求,使书籍进入了全新的个性、多元、精致的领域。计算机、高清摄影技术设备、印刷工艺的革新、材料的不断发掘及使用,造型观念、版面革新、新的视觉领域的制作和变化、媒介的更替都产生了强烈的视觉刺激,加快信息的传递。德国注重理性和秩序感;美国注重商业性和信息的传递,商业氛围浓厚;法国华丽、富有装饰美感、版面活泼;英国注重实际,设计质感舒服、具有亲切感。综上所述,它们的设计风格各具有民族风格和艺术特色,注重视感、质感、手感三方面,它包含着造型设计、材料运用、印装质量,注意书籍传递的广告信息、陶冶情操,以增强书籍装帧设计的内涵,如图2-56至图2-58所示。

2. 东西设计文化的交融

世界交流与发展,互通有无,文化已经变得更加广博和具有融合性。中国传统文化是东方文化的突出代表,中国的文字、书法艺术、图样表现、独特的水墨艺术等文化元素具有鲜明的特点:造型简洁明了,内涵丰富,民间色彩淳朴、自然,富有浓厚的生活气息,文人画色彩淡薄高远,生命力极强。我国的传统书籍装帧特点主要是简洁、素雅、质朴,尤以宋、明、清时期的线装书为典型,整个书籍无不体现一种淡泊和清新,墨香纸润,版式设计端庄大气、版面对称严谨,简明疏朗的风格特点展露无遗,凸显了深厚的文化底蕴和宁静致远的审美情趣和境界。单是看看古人命名的书籍装帧称谓,就能看出古人的思想文化,寓意着非常丰厚的理念。就书籍的形式而言,版心上面谓曰"天头",版心下方谓曰"地脚",还有"鱼尾""黑口"等名称,如图2-59所示。这是中国传统文化底蕴的体现,也是书籍装帧中东方审美的艺术理念及东西书籍装帧形式语言的差异。

开本设计:中国传统书籍讲究平装篇、精装篇、印刷篇、装订工艺篇、文字篇、材料篇和版式篇等。封面书籍的字体选用的是大标宋繁字体,竖排版形式,充分体现古典书籍装帧的

◆ 2-56 美国书籍设计
信息一目了然,商业气息浓厚,图形表述清晰。

特点。在版式上，书籍的版心小，地脚大于天头，又体现出了现代设计美感，整体展现的风格就是古典与现代兼具。版心的边框运用了传统书籍装帧中的鱼尾形式，将花鱼尾的形态进行加工，变成了本书中具有特色的装饰纹样。如图2-60所示，设计师吴勇设计风格大胆创新，异形开本设计前卫，突破了传统设计理念，纸张的异形切模技术给书籍装帧的发展带来了新的突破，许多出乎意料的装帧形态应运而生。因此，就出现了许多兼具了时代感和古典书籍特征的新的书籍形式。吴勇的设计作品《画魂》反传统地运用了三角形的纸张切模形式，并且借鉴了线装书的装订形式，将它演变为线装与胶装结合的新的装帧形式，整本书散发着宁静雅致的气息。线装这种最能代表中国古代书籍设计精髓的形式，与现代装帧、印刷、纸张材料相融合，使线装书呈现出新的生命形式并使传统文化得到良好的延续。随着时代的变迁我们的书籍设计已经开始接受西方的装订形式，并且融入了中国的元素。对于开本形式的多样化，现代设计师都强调开本的设计要符合书籍的内容和读者的需要，不能为设计而设计、为出新而出新。现代设计师吴勇说："书籍设计要体现设计者和书本身的个性，只有贴近内容的设计才有表现力。脱离了书的自身，设计也就失去了意义。"常用纸张的开法和开本通常用于在描述纸张尺寸时，尺寸书写的顺序是先写纸张的短边，再写长边，纸张的纹路（即纸的纵向）用M表示，放置于尺寸之后。例如880mm×1230mm表示长纹，880mm×1230mm表示短纹。印刷品特别是书刊在书写尺寸时，应先写水平方向再写垂直方向。目前世界统一的正开法是指全张纸按单一方向的开法，即一律竖开或者一律横开的方法，叉开法是指全张纸横竖搭配的开法，叉开法通常用在正开法裁纸有困难的情况下。由于各种不同全开纸张的幅面大小差异，故同开数的书籍幅面因所用全开纸张不同而有大小差异，如书籍版权页上"787×1092 1/16"是指该书籍是用787mm×1092mm规格尺寸的全开纸张切成的16开本书籍。

文字表现：中国书法亲切、自然、动人，西方文字是由26个字母组成，更多的是凸显理性。在中国，很早就出现了装饰文字，民间还广为流传一些今天仍为大众所喜闻乐见的装饰字体，如利用龙、凤、鸟、如意、桃等具象物体来代替汉字的部分笔画，以表达一种吉祥的象征意义，如图2-61、图2-62所示。

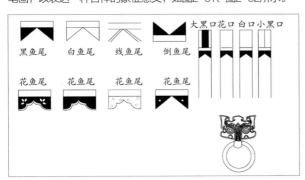
◆ 2-59 中国古代书籍排版符号

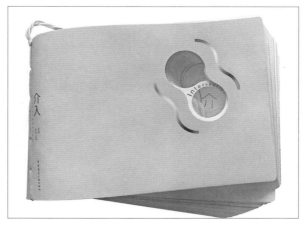
◆ 2-60 吴勇书籍设计
异于常规的模切设计和异形开本的使用增加了书籍的创新风格和阅读的兴趣。

◆ 2-61 中国书籍字体设计
字体作为图形化符号有效参与到设计中，增加画面层次和图形语言的丰富性。

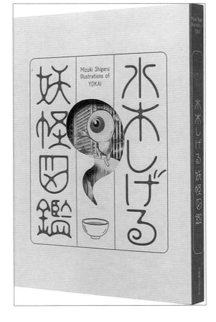
◆ 2-62 高桥善丸书籍字体设计
日本字体设计也具有一种朴素的文人气质和图形语境，因此设计有效体现了图形美和信息的传递。

20世纪50年代至60年代，现代主义在全世界产生了重大的影响，以国际字体为基础字体的设计更加精致细腻。随着照相排版技术的发展，进一步使字体的组合结构产生新的格局。60年代中期以后，世界文化艺术思潮发生了巨大的变化，新的设计流派层出不穷。他们的一个共同特点是反对现代主义设计过分单一的风格，力图寻找新的设计表现语言和方式。在字体设计方面许多设计家运用了新的技术和方法，在设计风格上出现了多元化的状况。在汉字文化中成长起来的中国平面设计师，把握住了中国人的"设计智慧与能力中的优势基因"，他们对中国文化理解的程度，是外国设计师所不具备的。不脱离世间万物的"象"和"形"，并将物象的简约化和概括化表现为汉字，为创意和创形提供了一个富有张力的施展空间，中国设计师正是把握了汉字的这种特征，将作为主题或语言介质的汉字在平面设计作品中发挥到了一个前所未有的水平。我们可以从2008年奥运会的标志中感受到汉字在世界文化中的影响力。而西方文字基本就是26个字母，显得单调但是却不失趣味，严谨的字母组合也表现出其偏理性的一面，如图2-63所示。

◆ 2-63 封面字体设计
西方字母具有严谨性和秩序感，通过有意识的主观设计，强化了理性情感，增加了画面的条理性。

色彩表现：水墨画是我国绘画的代表形式，中国注重写意的情感表现在书籍设计中也深深地种下了此种情结；西方重写实，追求情景再现，强调的是色相的对比，书籍设计中体现的也是一种强烈的对比和情感宣泄。

图形表现："书气"是中国古典美学的典范，是中国文化书香秀色的独特韵味体现。中国书籍设计常用到线条和装饰性纹样，画面简洁、清新，装饰纹样体现了儒雅与淡泊。同时，书画同源的理念充分表现在设计中，图形与文字达到巧妙结合，比如，鱼尾是作为叠书页做的标记，但经过漫长的演变之后，它已经变成了一种装饰符号。可以说"雅"是中国古籍装帧的原则。西方设计喜欢用色块表现块面感，追求真实场景的再现，这同他们长久以来的哲学思想和科学精神有着密切的关系，如图2-64所示。

◆ 2-64 图形表现
色彩对比强烈，画面空间层次丰富，突出图形的可辨识性，具有感染力。

书籍形态："天有时，地有气，材有美，工有巧，合此四者，然后可以为良。"——《考工记》。除纸张外，纺织物是精装书设计常用的材料之一，中国书籍设计者历来关注书籍的纸材工艺之美，它包括稠密的棉、麻、人造纤维等；也包括光润平滑的榨绸、天鹅绒、涤纶、贝纶等。设计者可以根据书籍内容和功能的不同，选择合适的织物，如经常翻阅的书可考虑用结实的织物装裱，而表达细腻的风格则可选用光滑的丝织品等。丝织品的结合运用，既很好地保护了书籍，也增添了书籍高雅的格调。西方的书籍在材质上注重材料的质感和触感，中国注重心境的体验和对听觉的回味，翻动书页纸张会发出的声响可以体现一种心境和对忘我的遐想，如图2-65所示。

◆ 2-65 西南少数民族书籍设计——材料
材料的特殊使用，充分表现设计主题，同时增加了书籍的触感体验。

2.2 外在的表现

书本内容犹如人的身体，封面犹如人的相貌，是内心的最真实体现。所以封面设计就是要对书的内容、思想、特点有所理解，考虑怎样配合书的整体，并通过形象的表现，来体现书的内容和主题，能给读者以艺术享受并产生阅读的兴趣。

2.2.1 颜值之巅——封面、护封、函套

封面：作用除保护书以外，创新与否决定着书籍整体的内容和风格，更重要的是表达书籍的内容和格调，使读者在阅读之前有所了解，具有一定的宣传作用，可以说它是这本书的小型广告。如今的市场中，封面设计也具有两个不同的作用，一个是为了展现品味和独特审美的艺术水准——装帧艺术展览或评选，优秀作品荟萃；另外一个是为了经济利益、市场运作而进行的水平平庸的设计——期刊封面装帧粗劣，缺乏设计语言，满足一些审美取向并不是很高的读者需求。一本好的书籍封面设计就是要先声夺人，以足够的图形和色彩语言对全书进行有效的诠释，它是人们对于一面之缘的一种有效吸引。如同人们现在常用的一句"欣赏一个人，始于颜值，敬于才华，合于性格，久于善良，终于人品"，书籍封面设计也是使读者对于书"始于颜值"，然后才能够有兴趣、有耐心地进行品味。

封面的美，可以使读者产生足够的关注度；有利于藏书者珍藏爱护；可以传递书籍内容和真实情感；可以有效地表达文化内涵，如图2-66、图2-67所示。

◆ 2-67 刺绣书籍封面设计

◆ 2-66 创意书籍设计
独特的视角与独特的材质具有足够的冲击力引发读者的关注。

书籍封面分为精装、平装。平装是目前书籍市场普遍采用的一种形式，它装订方法简易、便于携带、成本较低，常用于期刊和较薄但印数较大的书籍。有的平装书封面有勒口，相当于半精装，这主要是为了增加封面的厚度，更好地保护书籍，同时也可以增加书籍的信息量，突出设计者与作者的意图，给人精致高贵的感觉。随着人们审美水平的不断提高和现代书籍形态学设计理念的提出，人们对于书籍的认识不仅仅局限在有限的封面设计，而是将它看作第一张脸，为读者步入阅读起到桥梁作用，因此，许多书籍封面的设计从前封和书脊延伸到后封，甚至前后勒口。从而形成视觉的延续性，可以增加欣赏和阅读的好感与刺激感，形成感官的传递，构筑书籍外在和内在形神兼备的生命体。精装书的封面也称内封，其作用和平装书封面一样，在兼具保护功能的前提下，其美化装饰功能已经成为重要的表现内容，材质可选用能够有效体现书籍内涵的多种材料进行装帧。精装书的封面有软和硬两种，无论何种形式封面应均匀地大于书心2mm，即冒边或叫飘口，便于保护书心，也增加书籍的美观。硬纸板的厚薄要根据书页的多少和开本的大小决定，使之与整个书的设计相协调，如图2-68所示。

◆ 2-68 精装书设计

护封：可称为是精装书籍的外貌，护封的高度与内封相等，长度能包裹住内封的前封、书脊和后封，并在两边各有一个向里折的5至10cm的勒口（有的勒口可能会超出这一尺度）。它包在书籍外面的书皮，既保护封面，同时装饰和宣传也是其重要的表现方法。通过护封为读者与书籍构架起阅读的桥梁，通过有效的图形使读者关注、触摸、把玩、体味。从护封的折痕可以将其分为前封、后封、书脊、前勒口、后勒口和里页。精装书的护封设计和平装书的封面设计基本相同，只是护封必然有前后勒口，平装书则不一定。再者，护封可以从书上取下来，因此，除在前后封、书脊、勒口上下功夫设计外，还可以考虑护封里页的设计。目前护封的里页还较少被读者注意。但目前设计者已经关注到里页设计，它是封面的延续和不如厅堂的过渡，都可以给读者耳目一新的感受，从而传达相应的信息，如图2-69、图2-70所示。

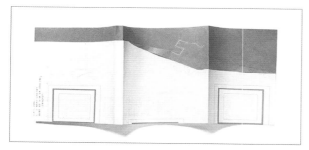

◆ 2-69 护封设计（吴勇书）

◆ 2-70 护封设计

护封的勒口设计更加灵活多样，太小面积的勒口很容易从封面上脱落下来，故护封的勒口设计应十分注意，一般都在5至10cm左右。护封的一种特殊形式是腰封，它是在书籍印出之后才加上去的。往往是在出书后出现了与这本书相关的重要事件，而又必须补充介绍给读者。腰封裹住护封的下部，高约5cm，只及护封的腰部，又称半护封。腰封的使用只是起加强读者印象或促使销售的作用，而不应影响护封的整体效果。目前护封、腰封也有特殊体例的设计，都是遵从设计内容和设计本体而进行强化设计的，因此可以有效刺激设计师对书籍整体内容进行量体裁衣，从而补充封面设计中的不足。

函套：即封套、书套。一种传统的书籍护装物。它是用厚板纸作里层，外面用布或锦等织物装裱而成的盒式外套。书册装入其内，以骨签或竹签作为封装的系物。函套有四合套和六合套两种。裹绕全书四面而露出书顶和书根者为四合套；将全书六面全部包裹起来的函套叫六合套。六合套多用于比较考究的书籍，便于久藏，有时在开函的部分挖成云头形或环形，非常美观。现代出版的珍贵画册和特装本还常常采用六合套的形式作为书盒。函套或书盒的设计首先应考虑其功能的合理性，其次是突出整套（本）书的格调。中国古代线装书的装帧多崇尚朴素，古代线装本多以纸做书衣，很容易破损，书衣之外，对书籍进一步的保护措施，是为每部书制作专用的函套。书坊所用函套，一般以青布制作，将封面、封底、书脊、书口四面包住，封面处重叠一层，在书口一侧以布扣穿骨签固定；书顶与书根仍裸露在外。函套封面同样粘贴书名签。清末民初，出版商对于印制粗陋的木刻或石印本书籍，也加装青布函套，以粉饰卖相，提高售价。与函套相似，木夹板也是一种简易护书物，每副两块，分置书本上下，以布带穿扎扣紧。私家出版或珍藏的图书，往往以紫檀、花梨等贵重木材制作夹板，书名在板上阴刻而成，或填以黑漆、朱砂、石绿，富丽而庄重。换个角度说，值得用此类夹板匡护的图书，可以肯定多为善本珍籍，如图2-71、图2-72所示。

◆ 2-71 函套设计
木质函套除了对书籍具有保护作用，还因为材质的不同而产生一种历史感和特定的书籍精神内涵。

◆ 2-72 吴勇《梅兰芳》书籍设计
典型的中国纹样符号设计，使书籍精神从内而外得到延续，函套承载的不仅仅是一种视觉的表现，同时也是对书籍内容的多样性呈现。

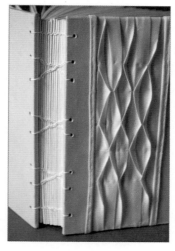

◆ 2-73 创意书籍设计
材料的创新使用，增加了图书的视觉体验和触觉体验。

2.2.2 把玩之趣——富有质感的材料

日本书籍装帧艺术家杉浦康平曾提出书籍的"五感"：视觉、触觉、味觉、听觉、嗅觉。视觉——看，第一感受，书带给人们的审美需求；触觉——书的纸张硬挺和细腻，都会唤起读者一种触觉的新鲜感；味觉——读者阅读书籍并在阅读的过程中通过品尝书的五味，分泌唾液，从而触发味觉，品味书卷文化中醇厚的意蕴；听觉——翻阅厚厚的词典，会发出啪嗒啪嗒的响声，那是文字所传递的精神；中国的线装古籍，翻阅时发出柔柔的沙沙声，书的翻阅声如美妙的音乐，这是书的听觉功能；嗅觉——打开书，随着书的翻动，油墨和纸张的气味不断刺激读者的嗅觉，来自大自然的根茎及自然的气息，来自历史的气息。杉浦康平先生的"五感"突破了书籍装帧审美仅仅来自视觉的局限，开阔了书籍装帧的设计思维，似乎也把书籍装帧的审美引入一个神秘的境界，书的"五感"竟然将人的触觉、听觉、味觉、重量感等都纳入了书籍的审美范畴。

质感设计，就是以材质为主，不同的材质有不同的触感、视感以及心理体验。质感设计的形式美法则就是生活和自然中各种形式因素——点、线、面、材质、色彩、形态、动静、虚实、强弱等的有规律组合。材料的质感是指材料给人的感觉和印象，是人对材料刺激的主观感受，是人的感觉系统因生理刺激对材料作出的反应或由人的知觉系统从材料的表面特征得出的信息，是人们通过感觉器官对材料作出的综合的印象，如图2-73、图2-74所示。

◆ 2-74 吕敬人书籍设计
通过特殊的历史材料的使用，同时在书籍样式中也采用了传统的卷轴装的形式，增加了书籍的历史色彩，也直接表现了书籍的内涵。

纸张是最常用的材料之一，它轻便、价格适中、形式多样，不同的色泽、纹样、厚度都传达出不一样的感受。制作书籍最主要的材料就是纸张，纸张有表情、有情感、有个性，通过肌理的表述，可以承载历史、文化、心境、地域等。纸张制作的原材料是稻秆、芦苇、树皮和其他一些不同的草本植物，每一个国家和地区都会根据大自然的回馈生产出各具特色的、富有质感的纸张。作为精神层面的承载物，书籍通过纸张进行传递，他是设计者对于作者思想意识和形态意识的把控，通过有效的物质传递，达到更多的作者和读者之间的思想交流，形成更多的具有延展含义的深刻内涵。技术的发展可以提供更多富有质感的、不同色彩的材料，肌理作为设计用词，我们并不陌生，它是指物体表面高低不平、粗糙细腻、纵横交错的纹理变化，不同的肌理带来不同的视觉与心理体验。由于杉浦康平提出了书籍的五感体验，因此在设计中，我们就需要让书籍带给人们长久的阅读，它是表达人对设计物表面纹理特征的感受。肌理与质感含义相近，当肌理与质感作为一体进行阐述创作时，它是材料的真实表现同时能够通过表现形式而被人们所感受，所体验。现代设计又为肌理的再创造提供了可行的手段，人们在不断发现和创造不同的肌理的同时，不断感受新的肌理质感带给人们的不同体验，同时通过丰富的肌理语言、造型表现，达到更高的审美需求。如图2-75所示。

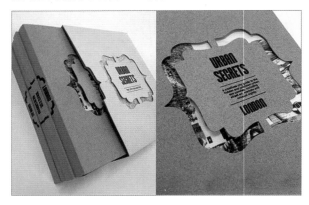

◆ 2-75 西方书籍设计 不同纸张的材质对比

特种纸也是纸张的一种，常常使用在具有特殊意义的设计中，因其特殊的纹理与表面处理带给人们不同的视觉与心理感受。在实际设计中，除了封面设计，现代设计越来越多地关注到读者的感受和内心需求，所以在内页设计中往往会加入特殊材料进行设计区别，有意识地增加读者阅读和把玩兴趣。

我们通过以下常用的特殊材料来体验富有质感的书籍设计。

各种皮革都有它技术加工和艺术上的特点，在使用时要注意各种皮革的不同特性。皮革作为封面设计的材料之一，价格昂贵，加工制作繁复，成本高。所以一般需要珍藏的精美版本，才使用这种昂贵的材料。羊皮较为柔软细腻，猪皮的皮纹比较粗糙，以体现粗狂有力的磨损；牛皮质地坚硬，韧性好，但加工较为困难，适用于大开本的设计。优质的皮革，由于其美观的皮纹和色泽，以及烫印后明显的凹凸对比，使它在各种封面材质中显得出类拔萃。在《马克思手稿影真》一书的设计中，吕敬人通过纸张、木板、牛皮、金属以及印刷雕刻等工艺演绎出一本全新的书籍形态。尤其在封面不同质感的木板和皮带上雕出细腻的文字和图像，更是别出心裁，趣味盎然，如图2-76所示。

◆ 2-76 书籍特殊材料制作

纺织物是精装书内封设计常用的材料之一。它包括稠密的棉、麻、人造纤维等；也包括光润平滑的柞绸、天鹅绒、涤纶、贝纶等。设计者可以根据书籍内容和功能的不同，选择合适的织物。如经常翻阅的书可考虑用结实的织物装裱，而表达细腻的风格则可选用光滑的丝织品等。目前，也有许多直接采用衣物材质以及各种缝制使用的线进行书籍封面包装，如图2-77所示。

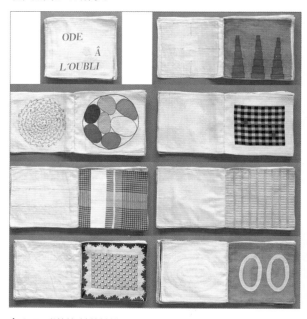

◆ 2-77 书籍特殊材料制作
纺织物的概念书设计带来耳目一新的视觉体验。

由于要考虑到书的内容、种类、使用对象、销售价格等多方面因素，故在内封设计时有的是全织物的、有的是半织物的、有的是带肌理的特种纸，形式多样，因地制宜。若底色是深色，用明暗对比强的色如白、烫金、烫银、起凸等，把书名、作者名等文字编排好。若是浅底色，用黑色、纯色或灰色设计上面的文字，设计必须简单，避免多余之物。前封通常有一组文字或一个小装饰图案，以便和后封区别。

中国五千年文化，从有文字记载的出现，大部分采用了木质竹质载体，木质材料在书籍发展的历程中具有非常重要的角色，由于人们对审美需求的提高，近期的书籍封面制作中我们可以看到一些有意识的木质材料的使用，所以在书籍的文化底蕴和整体的档次上，木质材料有超强的表现力。木质材料相对价格高，加工复杂困难，不过木质材料在书籍封面设计的效果上，有不可估计的影响力。人造革和聚氯乙烯涂层都可以用来擦洗、烫印，加工方便，价格便宜，因而是精装书封面经常采用的材料，尤其是用量较大的系列丛书封面，也常用于平装书的封面。

烫印材料是指在纸张、织品、皮革、涂布面、塑料类等封面材料上，用热压方法烫压上各种图文所使用的材料，也包括各种烫印助粘材料。用加热加压方法将粘结材料熔化后，把各种金属箔等烫印到各种物品上，取得理想的装饰加工方法，在我国已延续了几个世纪，在书籍封面上使用也有上百年的历史了。我国最早采用的烫印材料是单张形式的金属箔和粉片，后来由于印刷装帧事业的发展及装帧材料的不断更新改进，出现了电化铝、色箔等烫印材料。这些物美价廉的新型材料，很快取代了纯金属箔类烫印材料，如图2-78、图2-79所示。

◆ 2-78 书籍特殊材料制作——烫印工艺

◆ 2-79 书籍特殊材料制作——烫印工艺
书籍设计模拟雕刻印刷版的封面、封底，各反向雕刻500个字。同时也借鉴中国古籍夹板装的形式，皮条穿木板而过，连接如意扣相合。而汉字的点、撇、捺基本笔画被运用到每册封面设计中，作为个性特征区分也点明每一册的主题："千"的右上方是一撇，"字"的顶部是一点，"文"的右下方是一捺。

2.3　曾经的美好

纵观中外书籍设计，它们带给我们不仅仅是文化的传递，还有那个时代人们对于美的追求和有温度的信息符号。我们在阅读、触摸、感受文字、图形符号的同时，也为当时的设计者所做的不懈努力而感到钦佩。书中富有变化的版面、富有节奏的字体设计、富有情感的包装，虽然书籍发展也经历了一系列繁复之风的困扰，但是当我们再细细品味时，我们还是更喜欢那种具有思想、情感和玩味于手中的书籍设计。

2.3.1　审美雕琢的内文

中国自古讲究"天人合一"中得到同构，形成"天人感应""近取诸身，远取诸物"，事事皆如此。

（1）古代版式设计

宋朝雕版印刷中的版面设计也遵循这个原理，印本书版式如图2-80所示。

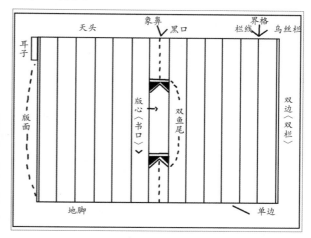

◆ 2-80 古代书籍版式

从图中可以看到，这是一个非常完整和非常完美的版式设计，它的竖写直行保持了从甲骨文开始的书写方法；天头地脚的名文第一次出现，概括了"天""地"的传统观念，并且更加明确。天头地脚中的文字根据内容不同由人去书写、雕刻，这恰恰符合了"天人合一"的思想，形成了"人是主要的"这一辩证的观点。版面中文字仍是由右而左，实行右上左下的传统习惯；帛书中出现的"乌丝栏"演变成界格，上下有界，左右有格。界格的出现，从表面上看来是简策书、帛书版式的自然演变，实则是"天人合一"思想的影响和深入。

版框即"边栏"，又称栏线，单栏的居多，即四边单线。它不只是实用和美学的需要，更包含哲学的内涵。也有外粗内细双线的，称"文武边栏"；还有上下单线左右双线的，称左右双边。

图中版面左面有耳子，有的书在版面右边有耳子，称"书耳"。在左面称"左耳题"，在右面称"右耳题"；还有的书两面都有耳子。耳子则是为查检方便而设，略记篇名。有了书耳，检查方便多了，版面也好看多了。耳朵获取信息；耳子保存信息，查耳子也可获取信息。

把版心分栏，以鱼尾的图形为分界，上下鱼尾称"双鱼尾"，它的空白部分其实很像人的嘴，称为"版口"。版口多记录书名，其意义也在吞吐书的内容。版心中上下各鱼尾到版框之间的部分称"象鼻"，因为它在版面左右的中间，且有宽度称其为"鼻是"；象鼻是折叠书页页标记，没有标记何以折页，不折页或乱折页不能成书。

书的眼就是孔，是用以穿线或插钉的，为固定书用。一般地讲，人的眼睛越大越好看；书眼则孔越小越好。书脑是各页钻孔线的空白处，即书合闭时的右边。书脑藏于订线的孔和书脊之间，在内部不可动，故称其"书脑"。

与现代书籍相比较，中国古代书籍在字体的大小、疏密、排列方式上均富有特色。隋唐时期，注文写成双行小字的格式已经被规范在设计中，这样便于区分原文和注文，双行夹注的出现使书籍版面产生了文字的大小变化，成为现代版式的基本法则。卷轴书籍设计时代，即已经出现了双栏、三栏、四栏、五栏、六栏均有，还有通栏与多栏的混合搭配，避免了书籍版面的呆板。插图不仅仅出现在内页中，还可以在扉页、卷首出现，卷首扉画来源于佛经，书籍插图形式多样，画工细腻。在历代刻书中，宋代的大字版书籍字大行疏，有的甚至"字大如钱"，每半叶仅朗朗数百字，视觉效果疏朗大气，如图2-81所示。

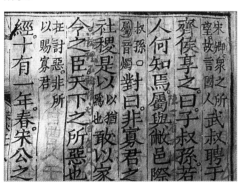

◆ 2-81 影宋珍本——清贵阳仿宋精刻《春秋经传集解》
宋蜀刻大学本《春秋经传集解》，半叶版框高23.5厘米，高16.5厘米，半叶各8行，每行16字，注文小字每行也仅21字，正文文字大小相当于现代标准的48号，注文文字23号，但字间距和行距都很紧凑。

（2）现代版式设计

经济的发展和社会的需求，曾一度使设计变得功利和经济化，书籍的设计和使用完全服从于功能性而舍弃了审美需求，书籍设计不能只顾书的表皮还要赋予包含时空的全方位整体形态的贯穿、渗透，这已是当今书籍设计的基本要求。现代书籍设计一般在8至10号字左右，这样的文字大小也符合现代人快节奏的生活。文字的疏密也是决定书籍最终效果的重要因素之一，密集的版式容易让人产生紧张感，增加阅读的难度，疏朗的版式可以让人放松，产生诗意，从而达到有效的阅读。现代书籍按照篇、章、节的顺序规定一级标题、二级标题、三级标题，即在同本书内，文字讲究大小得当、主次有致，一般标题文字最大，副标题其次，正文文字紧随其后，其他起辅助作用的文字，如注释、批语等则最小。正文文字和注文常常采用同种字体的粗细不同的变体，而批语多出自手书，因而以楷、行两种字体居多。不同的字距、行距直接影响到书籍的厚度，改变了印刷出版的成本。在中国现代书籍中，我们常常可以看到设计者单独放大篇章首段的第一个字，这样的设计究其原因应是从西方古典书籍中而来。西方古典时期的书籍排版中喜好对篇首字母进行放大并装饰以强调。电子阅读器给我们带来了方便和快捷，纸面载体却给我们带来了温馨和愉悦的阅读享受，如图2-82、图2-83所示。

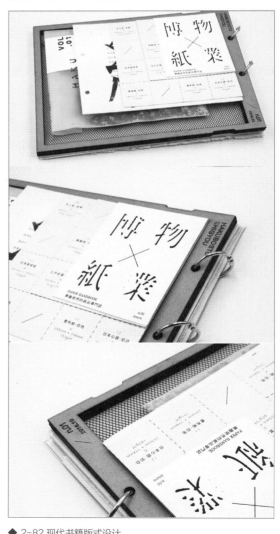

◆ 2-82 现代书籍版式设计
新颖、独特，画面简洁明晰，适合快节奏的现代生活的阅读，增加阅读的趣味性。

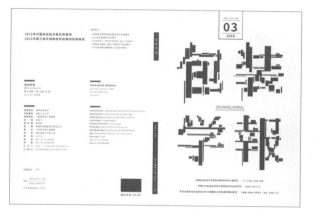

◆ 2-83 现代书籍版式设计

2.3.2 由表及里的设计

　　曾经在一个时期，我们将书籍设计定义为"封面设计"，谈及美编的工作就是进行封面设计，而且这种设计流于程式化，缺乏内涵，仅仅顾及书籍表面的图形是否好看，当然这种好看也不是对全书内容把控，而是追求一种外表光鲜的设计形式。因此，人们在翻看内文的同时，会有一种阅读趣味的缺失与遗憾，书仅仅作为信息符号在传递符号的含义，缺少了意境美和作者具有温度的语言传递。那时的封面设计缺少必要的前期客户沟通，具体内容包括封面设计的风格定位；书籍内文的情境分析；书籍消费者定位；制作流程和制作材质的需求；客户的观点等都可能影响封面设计的风格。好的封面设计都需要前期有效沟通，视觉传达设计受加工工艺、材料、技术等条件的制约，但是好的设计就是在制约中进行突破，封面设计虽不是纯艺术品，但必须有一定的艺术魅力。书籍设计艺术具有与其他艺术门类不同的审美方式，审美方式是界定与区分不同艺术门类的重要条件之一。绘画的审美方式与雕塑的审美方式不同，一个是平面的审美，一个是立体的、多侧面的审美；音乐与美术的审美方式有区别，一个是听觉的审美，一个是视觉的审美；书籍设计艺术的审美方式与绘画也有区别，绘画的审美方式是视觉平面的，而书籍设计艺术的审美方式则是动态的、立体的、多角度的，具有明显的空间性、连接性、延续性、想象性、间歇式的时间特征，与触觉、听觉、味觉紧密相连。这种独特的审美方式，奠定了书籍设计成为一个独立艺术门类的重要基础，如图2-84、图2-85所示。

◆ 2-84 《美国鸟类》书籍设计
价值1150万美元，美国艺术家约翰·詹姆斯·奥杜邦完成。这本书绘制了各种在美国的珍禽异兽，1827年和1838年之间完成。

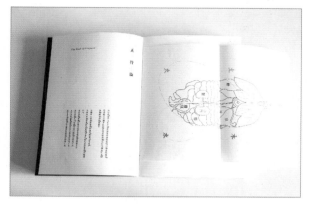

◆ 2-85 《手珍医术》书籍封面设计
折页的设计增加了书籍的六感体验，呈立体多变的形态。

优秀的封面设计本身是一件好的装饰品，它融艺术与技术为一体。是一种观念，是形状、色彩、质感、比例、节奏、韵律、强弱、大小、光影的综合表现。封面设计师为使构想实现，被接受，具有说服力，那么图形除了具有美感——简洁有力、悦目、具有冲击力，还必须能够具有深刻含义。书作为一个整体，书稿内容是最重要的文化主体，故称之为第一文化主体，而书籍设计则成为书的第二文化主体。一本书的装帧虽受制于书的内容，但绝非狭隘的文字解说或简单的外表包装，设计家应从书中解读作者的意图，挖掘深层涵义，觅寻主体旋律，铺垫节奏起伏，用知性去设置表达全书内涵的各类要素，如图2-86所示。

◆ 2-86 书籍封面设计
现代书籍封面设计无论是图形还是色彩、文字，都具有鲜明的视觉特征，能够有效吸引消费者，同时画面的符号语言能够得到有效传达。

2.4 内在自省 ——书籍的属性

现代书籍设计不仅仅停留在表面文章的表现，而是由表面触及内里，形成架构，因而整个书籍设计成了一种"建筑"。作为六面体的特殊建筑，观念已极大地提升了书籍设计的文化含量，充分地扩展了书籍设计的空间。书籍设计由此也从单向性向多向性发展，书籍的功能也由此发生革命性的转化：由单向性知识传递的平面结构向知识的横向、纵向、多方位的漫反射式的多元传播结构转化。

2.4.1 外在与内涵的升华

优秀的书籍设计，不仅仅是对图书外在形式的掌控，还表现图书内容精神的准确传达。精神的传达是书籍设计的灵魂所在，我国现代涌现出一批著名的书籍设计师，他们就是对整个书籍设计的个性、品味、艺术风格、书籍题材和体裁都进行了深入研究和整体把握，对西方书籍学习和借鉴的同时，能够充分利用中国元素和中国传统文化进行文化的传递和表达。吕敬人、朱赢椿、邓中和、吴勇等，他们在阐述中国设计符号的同时，又将西方的现代版式有效结合，成功地将灵魂与载体结合。如今电子设备的介入和新的版式风格，现代印刷技术使出版物能够更加便利、快捷和高品质输出，同时我们在有效利用现代技术的同时，也注重传统符号的挖掘，从封面到护封、环衬、扉页、目录页等都进行了精心设计和制作，促进了民族自有因素的书籍革新。书籍设计理念、文化内涵、艺术品位和人文关怀是现代设计师所关注的焦点，同时也是中国书籍设计走向世界的一个必经之路，如图2-87、图2-88所示。

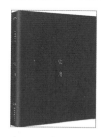

◆ 2-87 朱赢椿《空度》书籍设计
书中的每一页均是左下角一团芦苇，右上角一只渔船，似乎是同一幅经过处理的摄影作品。这是去年10月他脚踝受伤时，坐在工作室不远处的小湖旁，整整一天不做事，不断地拍摄湖面所得，记录着湖面一天的所有变化细节。
"有读者质疑，里面的画看上去是一样的，事实上是不一样的，每一张都有变化。"朱赢椿对《中国新闻周刊》说。细心的读者会发现，芦苇上蜘蛛是怎么结网的，湖面闯进一只鸭子，渔船被风吹动逐渐改变了方向，以及光影的变化。
"以黑白灰记录了一条芦苇边的小船从早到晚的色调变化，留白充分，令人遐想。快速翻动书页时画面会瞬间活动起来，犹如电影的镜头。动与静的奇妙结合，体现出了空灵的禅意。"这是《空度》获得"中国最美的书"的理由。

◆ 2-88 韩·再芬书籍设计
书籍设计由内而外一气呵成，内容与形式统一，色彩贯穿整个书籍，具有一定的观赏性。

2.4.2 感性与理性的诉求

书籍装帧既属于艺术范畴又不同于纯美术的艺术范畴，书籍装帧艺术不是纯艺术，装帧艺术存在艺术性与功能性的关系问题。书籍是供人们阅读的精神产品，是文化商品。书籍装帧，同其他任何供人们使用的产品一样，其使用价值也是先于审美价值的。书籍装帧的功能性同样先于艺术性，是艺术性与功能性的高度统一。

感性是属于艺术范畴，书籍装帧的艺术性集中体现在书籍的形态美上；它是书籍设计者情感的倾注，无论封面、色彩还是文字，都以美的形体进行体现，通过艺术的手法，传递书籍的内涵，与读者产生心灵的沟通和精神的交流，从封面的图形、色彩、开本、材料的使用，就使读者产生美好的

遐想，书籍的构架营造了整个书籍设计的阅读氛围和阅读的享受美的过程。

理性诉求包含了开本设计和内文版式设计。书籍装帧艺术必须结合制版工艺、印刷工艺、装订艺术等手段，形成书籍装帧特有的艺术语言，与其他艺术门类形成具体的差异。书籍装帧独特的表现手段和艺术语言，才是书籍装帧艺术能够在众多艺术门类之中独立出来自立门户的根本所在。理性诉求包括了前期印刷业务流程、中期的数码制作、后期加工工艺。这一切的工序和加工工艺的限制就是对理性诉求的诸多限制，因此书籍设计应在规矩中寻求特例，突破材质、科技、加工工艺的限制，为不断发展的书籍市场服务，如图2-89所示。

2.4.3 书籍设计的从属性

书籍设计必须针对目标对象。目标对象由于文化、习惯、教育、地域不同，其对书籍的感知也不尽相同。因此，创意时就必须考虑目标对象的各种情况，针对目标对象的情况进行有效的设计，只有这样才能适应目标对象的接受心理。

书籍设计从本体说是一种商业活动，它的功能是传达信息，它的目的是促进销售，它所使用的手段是艺术。设计的客观性强调以实用为前提，以符合大众的审美需求为目的，要求简洁、清晰，具有明确的指向性，能够引起视觉注意，指引消费。所以进行书籍装帧等设计时，要严格遵守市场规则，这样才能有效地传递书籍本质特征。书籍装帧艺术与音乐、绘画等艺术门类还有一个最大的区别，就是它的从属性特征，它从属于书籍，不能脱离书籍自身而存在，它最根本的任务就是要为书籍的内容服务，为出版社服务，为读者服务。所以它的艺术性要从属于书籍的功能性，不是任意发泄艺术家情感的所谓"纯艺术"。

书籍设计以传递信息为根本功能，绘画、影视、音乐等艺术以欣赏为根本功能；书籍设计运用材料和加工工业进行情感的再次传递并受其制约，绘画、影视、音乐等艺术创造性运用这些材料，并不被其制约；书籍设计讲究产品个性与风格，但是都以工艺限制为前提，绘画、影视、音乐等艺术讲究艺术家个性与艺术风格；书籍设计可以产生阅读意境，但是诉求必须清楚准确，防止误导，绘画、影视、音乐等艺术追求含蓄、朦胧、模棱两可、多方位、多角度理解，回味无穷；书籍设计应以市场为基础，以消费者、读者为中心，绘画、影视、音乐等艺术以个人感受为基础，以艺术形式为中心；书籍设计集中各方心力，以集体劳动完成，绘画、影视、音乐等艺术以个人感受为基础，以艺术形式为中心，如图2-90所示。

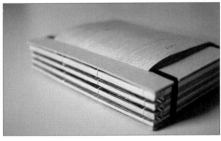

◆ 2-89 线装书设计
从构思到制作、到最后的装订都是感性与理性的综合体现，一个好的书籍设计必须由感性上升到理性，通过感性的认知最后在工艺、材料、加工形式的制约下回归理性。

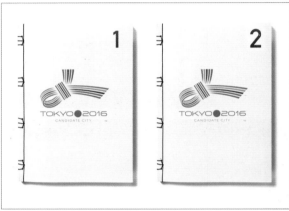

◆ 2-90 东京提奥报告书籍设计
书籍为社会服务，主要目的是信息符号的传达，本设计以奥运图形作为设计主题，凸显图形的视觉传达，同时整个设计以白色作为主色调，同日本民族的色彩遥相呼应，很好地传达了主题。

（1）工艺的从属

现代设计需要多种加工工艺与材料的融合，在书籍设计中我们除了使色彩符合书籍的整体意念表达，还要注重印刷的工艺流程、制版、套色、油墨、纸张等因素之间的相互关系。工艺从属包括数码制作——输出菲林——晒版——印刷，印刷方法有多种，方法不同，操作也不同，印成的效果亦各异。传统使用的印刷方法主要可分为：凸版、平版、凹版及孔版印刷四大类。后期加工工艺为装订（胶装、精装、骑马订、平订、简装、粘面）、折页（二折、三折、四折、五折等）、覆膜（亮膜、哑膜）、上光、过油（局部、全部）、UV（局部、全部）、普通闷切（直角、圆角、圆、椭圆）、异形闷切、烫金（金、银）、起凸、裱糊（信封、手提袋、包装盒、精装书封皮、卡盒），如图2-91所示。

◆ 2-91 加工工艺从属

（2）科技的从属

印刷术是中国古代四大发明之一，从古到今印刷行业都需要很专业的技术，现代科技的发展和设备的发明增加了印刷出版的多样性和丰富性，同时提高了整个印刷的质量和速度，降低了成本。

以印刷色彩为例，PANTONE专色是属于印刷中特殊的专色墨之一，在制作图形的过程中请确认PANTONE专色转为CYMK后是否能达到同样的效果，二者之间有着一定的差异，有部分PANTONE专色转为CYMK之后，可以达到同样的效果。但Process PANTONE Color肯定是CYMK达不到的，所以科技的发展使印刷质量不断提高。

现在流行的可变数据印刷就是可变信息印刷（VIP）、个性化印刷、可变数据印刷（VDP）、客户需求印刷、数据库印刷。归根到底还是科技发展前提下利用数据库、文件和数码印刷机的有机结合来创造不同的印刷品，常见的有刮刮卡打码。可变数码印刷需要在软件上投入，对从业企业人员的技术和客户的数据准备都有一定的要求。没有科技的发展就不会带来这种技术的革新和"随心所欲"的印刷形式。科技不仅带来了印刷速度的快捷，更有印刷质量的提高、印刷形式的多样化和成本的降低，如图2-92所示。

◆ 2-92 科技的从属

（3）材料的从属

无论何种艺术形式我们都要注重材料的质感表现、空间表现、肌理表现，材料的发掘和革新应用都可以成为最新的设计语言和表现形式。书籍设计中我们要充分挖掘材料的表现语言，材料的光与涩、明与暗、粗与细、杂与纯都可以造成对比效果；各种新型材料、复合材料的不同色彩肌理表现具有极强的感染力，使无声的材料通过生产与加工工艺的表现而展现丰富的情感。比如时尚工艺的发展广泛应用于出版印刷中，它是现今比较先进的前沿印刷技术和效果，包括整版及局部UV、皱纹、发泡、磨砂、七彩、冰花、水晶凸字等，如图2-93所示。

◆ 2-93 材料的从属

（4）制作成本的从属

　　书籍从综合角度讲还是商品，主要是满足市场的需求和人们的审美需求，所以市场经济下，如何有效控制成本成为书籍设计面临的最大难题。书籍一方面属于艺术范畴，另一方面又从属于市场范畴，受市场和各项指标的制约，因此制作成本是书籍进入市场的前提与保障。书籍的整体设计包括书籍外形的装帧设计及内文的版式设计，装帧设计包括选择开本和图书结构；对封面、护封、环衬、扉页、插页、函套等进行美术设

计并选定材料种类；选择印刷工艺、印后装饰加工工艺、装订工艺等。

　　印刷成本的核算也可分为以上三部分，三者总和就是印刷品的价格。

　　A.印刷前期

　　完成菲林和打样的工艺流程是以每P计算的，设计、出片、打样、印刷、拼版一般以A4为单位（210mm×285mm）计价标准，如有折页，按实际尺寸计算。菲林胶片是上机的必需品，印刷打样是核对颜色的最基本依据。

　　B.印刷

　　印品完成的关键环节是印刷，计价标准是色令，即每种颜色每令纸，对开一般5令起印，不足5令按5令计算。如果有专色，如企业专用图案，印专色（PANTONE墨）或印金、印银等。

　　C.印刷后期

　　对于书刊来说，精美的创意和设计最终需要通过印后加工来完美实现，现在很多书籍通过特殊加工工艺达到对书籍的美化和宣传，书籍的装订、材料的选取都别出心裁。印后加工是整个印刷过程中的最后一道工艺，装订（骑马钉或胶钉），折页（几折）；印后工艺是否有覆膜或UV，模切，烫金和起凸的面积也要写清楚，印品专用材料，打包数量如有特殊要求也请注明，工艺环节注明的越具体准确，价格越会准确。然而，正是这道看似排在最后的工艺，却决定着所有印刷品是否合格，以及是否能够实现印前的完美创意和精美设计。从装订、折页、模切，再到覆膜、上光、烫印、压纹等工艺，印后就像一个"百变"角色，如图2-94所示。

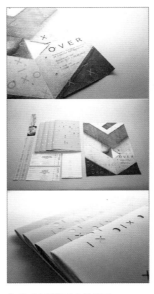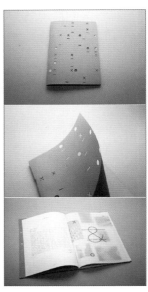

◆ 2-94 制作成本的从属

　　好设计是简单的设计。从数学的角度而言，少即是多，证据是每一个数学公理。从设计师角度而言，美依赖于一些精心选择的结构性元素，而不是依赖于装饰品点缀和堆砌。制作成本的制约也要求我们进行设计的减法，为设计成本的降低作最简洁的设计语言。

2.5 书籍设计的独立性

书籍艺术的媒质与其他艺术媒质不同，书籍设计艺术是通过特殊的艺术媒质——纸张（其他特殊材料），供人们阅读的艺术。艺术被分为不同的形式，可以通过表现语言、承载形式、传播形式等来进行划分。所谓艺术媒质不同，是指各个艺术门类都通过不同的载体比如肢体形式、视觉形式、架上形式、听觉形式表达各自的艺术情感，以呈现各自不同的形态，如绘画、音乐、舞蹈、戏剧、电影、动漫、雕塑。又如音乐中的古典音乐、流行音乐、民乐、爵士乐等，都各自成为体系并被接受，艺术媒质的独特性是其中的一个重要因素。书籍设计具有与其他艺术门类不同的表现手段和艺术语言，比如前期的市场调研、规划、成本核算，中期的设计，后期的印刷制作、加工、运输、市场运作。书籍设计具有严格的表现形式和表现方法，能够独立成为一种艺术门类，书籍设计艺术必须把制版工艺、印刷工艺、装订艺术、市场需求等手段都综合在一起，形成书籍设计特有的艺术语言，这其中包含了设计者的审美，消费者的需求，作者的精神内涵表现，与其他艺术门类形成巨大的差异，具有独立性和独特的审美需求，满足市场的需求和人们对于语言符号的精神需求。如对开本的设计、对内文版式的设计、对书籍封面的设计等艺术手段，是其他艺术门类的艺术手段中所没有涉及的范畴，书籍涉及的独特的表现手段和艺术语言，才是书籍设计艺术能够在众多艺术门类之中独立出来，自立门户的根本所在，如图2-95所示。

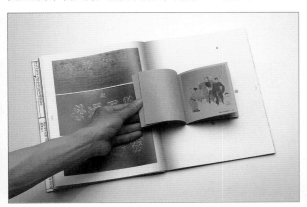

◆ 2-95 红点奖获奖作品《北京宣南文化博物馆》
独有的纸张色彩，彰显了博物馆的历史感，内页独具匠心的设计使书籍具有了不同的视觉张力和阅读的趣味性，打破一成不变的开本尺寸，增加阅读的层次感。

2.6 书籍设计的工艺性

书籍的整体设计及最终的形态、效果及质量，必须依赖于制作、印刷及印后加工技术，其中装帧设计的实现更加依赖于印后加工工艺。因此书籍装帧设计的工艺发展推动书籍表现形式的多样性。书籍设计前期涉及了市场经济的成本核算，中期就进入了工艺流程，比如开本、制版、印刷等，后期工艺性尤为突出。俗话说编筐编篓全在收口，书籍后期的印后加工就是为书籍进行最后的美化、装饰，以最美的妆容展现在消费者面前。书籍印后工艺可分为三种形式。

A.书籍的成型加工——将半成品书页进行裁切，成为设计最初规定的开本尺寸，装订成本册，对书籍印刷品进行模切、压痕等加工。

B.书籍封面进行装饰——上光、覆膜、烫印、凹凸压印、书籍封面局部UV上光等。

C.书籍特定功能的加工——书籍具有防油、防潮、防磨损、防虫等防护功能。

增强现实（Augmented Reality，简称 AR），是一种实时地计算摄影机影像的位置及角度并加上相应图像的技术，这种技术的目标是在屏幕上把虚拟世界套在现实世界并进行互动。现代设计家通过AR技术增加了书籍翻阅时的动态影像呈现。优秀的装帧设计及精心的印后加工可使书籍的销售额大幅度提高，所以说工艺性是提高书籍品质并实现增值的重要手段，如图2-96所示。

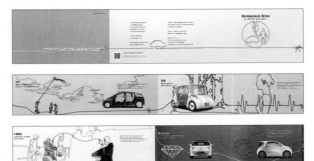

◆ 2-96 丰田东京车展2007宣传手册
通过传统线形书籍装帧形式，从设计的开始以"线"作为整个宣传册的设计要素，贯穿始终，使人们的视线在自觉不自觉中追随线的指引。

教学实例

　　材料的发明与创新使用是现代书籍设计的最主要表现形式，每一次实验性材料的使用都会使人们眼前一亮，每一种材料又通过不同的裁切方式，不同材料的组合和综合运用，增加了书籍的物质属性。同时材料的使用不是随意的，它是设计者根据书籍自身的精神内涵而进行的有目的性的创新应用。从现代书籍设计中我们不难发现材料带给人们的惊喜和五感体验，所以材料的色彩、触觉体验都是值得回味和应用的表现形式，如图2-97、图2-98所示。

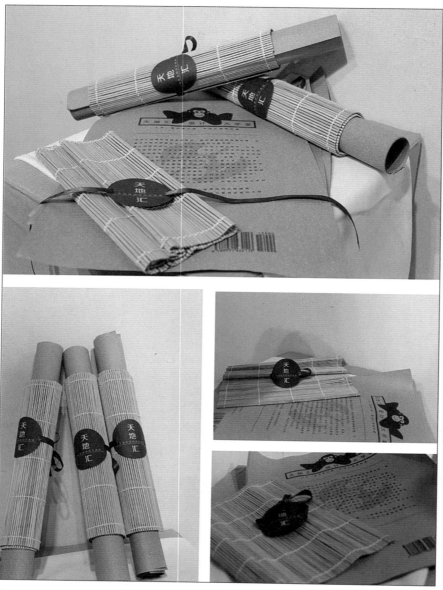

◆ 2-97《天地汇》概念书籍设计
　　整个设计充满了质朴感和原生态的古朴淡雅，与传统文化遥相呼应，这就是书籍内涵的完美体现。通过我们常用的纸张材质表现，以怀旧的色彩增加了历史感与文化特征，整个设计通过牛皮纸和竹帘的材料变化，在质朴中寻求回归自然的心境，在这里材料的简洁与书籍本身的回顾自然的心态浑然一体。

 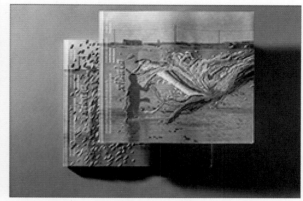

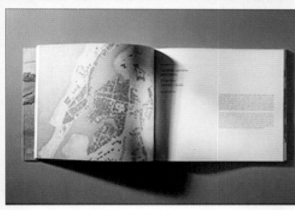 

◆ 2-98 材料的使用

同样的材质——纸张，因为色彩的不同、厚度的不同、肌理的不同造就了不一样的感官特征，整个设计浑厚、踏实，具有心理稳定感。设计中同样采用了"线"进行设计，但是这里的线是一种装饰表现语言，它有效地介入到图形设计中，成为设计的亮点。通过色彩的对比和线条的粗细与书籍本身的质感形成强烈的视觉冲击力，整个设计重点突出，画面形式感强，具有浓厚的手工工艺特点，凸起的线条同厚重的纸张色彩形成鲜明对比。

设计点评

同样的元素，不同的创新形式，不同的加工方式造就了不同的视觉图形语言，因此我们在设计时，不仅仅要注意传统的设计材料，同时也要接受新发现、再创造材料的使用。形式会带给材料新的生命和新的视觉冲击力，每一次技术和视角的革新，都使书籍设计呈现新的面貌和新的表现语言，所以在设计中，我们要温故知新，从而以好奇的内心不断挖掘材料和使用材料，如图2-99至图2-101。

◆ 2-99 德国UNKNOWN GOLDSMITH于14世纪的作品，金工，镶嵌水晶石，封面材料使用豪华，追求奢华的繁复之风，是当时贵族们追求的装饰风格

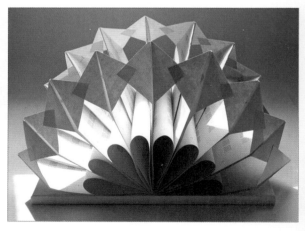

◆ 2-100 创意书籍设计
材料采用了针织物、纽扣、纸张，造型独特，设计表现具有新意，整个书籍以概念书的形式充分表现了材质带给人们的视觉冲击力，让人们感受到材质的魅力所在，这时文字本身内容与书籍材料紧密结合，整个设计极具整体感。

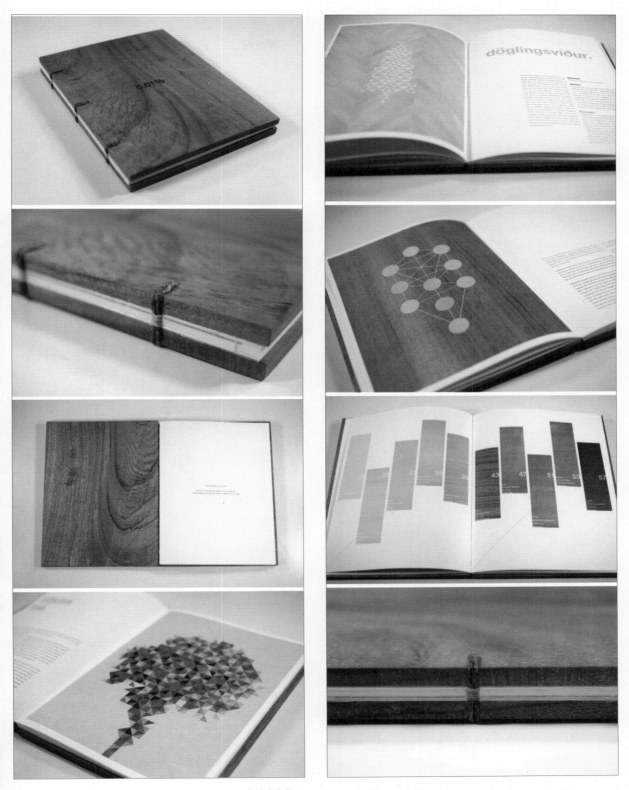

◆ 2-101 冰岛艺术学院学生EJNAR GUδMUNDSSON的毕业作品
　　一本以树和木头为主题的书，名字叫作0.01%，里面的内容包括树木的基本信息，一篇关于树木生长的文章，以及10种木材的介绍。
材料本身就直接表现书籍的内容，来自大自然的灵感和真实的材料可以获得最直接的视觉和心理体验。

课后练习

书籍制作是一个长期的思考、调研、研究材料、体会书籍内涵、考量加工工艺、降低制作成本的过程。因此在实际设计中，我们都需要进行全面细致的设计，考虑每一个细节和加工过程，同时要结合市场寻求最新的加工工艺和在已有原材料的基础上进行新的创新和表现。这也许是一个痛并快乐的过程，每一次的发现和创新都带来惊喜，每一次挫败也使学生陷入失败的阴影，因此整个设计就是在否定与自我否定中实现了破茧成蝶的升华，如图2-102所示。

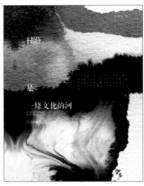 

◆ 2-102 郭烁漾《沿着河走》书籍装帧设计

整个书籍经过长期的考量和自我否定，最终在成品中展现了独特的纸张色彩。同书籍的内涵紧密结合，书籍护封设计同时也是一个具有宣传效应的广告设计，在设计中充分考虑了不同阅读角度文字的方向和疏密关系。内页设计采用了虚实相生的材料对比，通过硫酸纸的透明度和影像图形的真实度形成鲜明对比，整个书籍表现具有一定的风格，在内文设计中，材料应该更加丰富，增加不同材料的使用和开本的独特设计，这样会更加凸显主题。

第3章

三位一体的整合——图形、文字、色彩

现代视觉传达设计最基本的构成要素就是——图形、文字、色彩，三者的有效结合能够使设计焕发新的形式和表现风格。图形一词的英文为"graphic"，源于拉丁文"graphicus"和希腊文"graphikos"，意思就是"适合于绘写"的艺术，亦可复制的艺术作品。著名设计理论家尹定邦在其《图形的意义》书中指出，"所谓图形，指的就是图而成形，正是这里所说的人为创造的形象"。原始社会人们对于现实的描绘就是以点、线、面的形式刻画心中的理想世界，那是一个对自然的提炼、架构与表现。

图形视觉语言的出现丰富了传统语言的表述，作为一种对客观世界的感悟、再现、创造，展示着时代特征，具有丰富性、多元性和艺术性。随着社会的发展，图形视觉语言已经从简单的信息传递和表述过渡到复杂的、具有启迪、引导、警示的语义范畴。图形的感知力和冲击力具有极强的交流表现力，能够在瞬间捕捉人们的眼球，触及人们的心灵，可以跨越民族、种族、地域、文化、语言、宗教，进而成为有效的沟通手段。图形作为文化与历史积淀、演变的产物，具有内涵，它是有意识进行创造的视觉符号。图形符号语言的诞生与发展，使人类的文明得以传承和延续。图形从形态来分可分为具象形态、抽象形态；从空间来分可分为平面形态、立体形态；从动态来分可以分为静态形态、动态形态；从属性来分可分为人工形态和自然形态。图形区别于词汇、文字、语言的形式，它既不是一种单纯的符号体系，同时也不是为了审美需求而进行的一种装饰行为，是在特定的思想意识和行为支配下的以一个或多个视觉元素进行组合、刻画并作用于视觉的信息传达形式。图形在广义上是指一切与信息传播有关的视觉形象，图形的应用范围极广，包括平面设计、影像设计、电脑图像设计等。图形在视觉传达设计中是画面的视觉形象，最大的特征是以传播信息为目的。作为平面设计基本要素的图形，它的功能远远超出了传统意义上的审美形式，已经拓展演变为一种以视觉艺术形象为载体的传播媒介、一种以视觉艺术为形式的交流语言，如图3-2所示。

图形的特征：图形具有广泛的应用范畴，涉及思维、符号学、心理学、语言学、艺术学、大众传播学、市场营销学等众多学科，因此图形的发展、演变、传播必须具有以下特征：保存性、记录性、传达性、传播性、文化性、象征性、认同性。

文字设计作为现代视觉传达的重要组成部分，具有一定的语义功能，作为人们进行交流与沟通的符号，已经远远超出以往的传意的功能，具有了可视性与观赏性。世界各国的历史尽管有长有短，文字的表现形式也不尽相同，经过演变逐步形成代表当今世界文字体系的两大板块结构：代表中华几千年文化历史的汉字体系和象征西方文明的拉丁字母文字体系。汉字和拉丁字母文字都是起源于图形符号，经过几千年的演化发展，最终形成了各具特色的文字体系。汉字仍然保留了象形文字图画的感觉，字形外观规整，为方形，而在笔画的变化上呈现出无穷含义。每个独立的汉字都有各自的含义，与拉丁字母文字

截然不同，因而在汉字的文字设计上更重于形意结合。现代社会信息的高密度、高速度，使人们处于林林总总的符号体系中，如何使文字具有有效的传达功能，引起人们的注意，感染我们的情绪，引发我们的联想，准确地把握主题是现代字体设计的重要功能所在，如图3-1至图3-3所示。

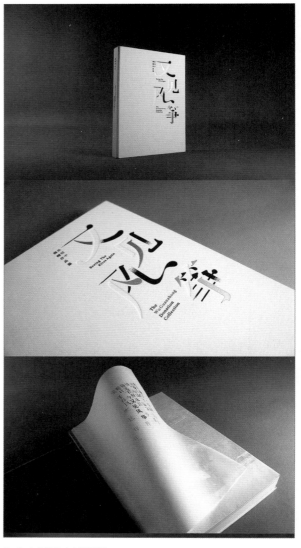

◆ 3-1 书籍文字创新设计
文字有意识的虚实对比形成了视觉反差，文字的笔画成为设计中的图形符号，因此整个文字带有情感特征和精神内涵。

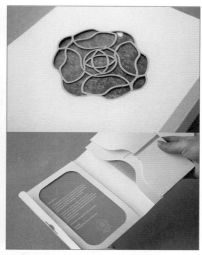

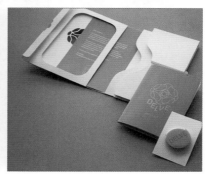

◆ 3-2 书籍图形创新设计
传统图形的深度表现，通过镂空的形式和材料的替换进行二次发掘，整个设计具有层次感，增加了图形的立体感与空间层次，画面色调和谐统一，图形表现从平面到立体实现了质的飞跃。

◆ 3-3 澳门创作人工作室宣传册
文字与色彩重叠表现，画面层次丰富，文字在表述信息的同时，也变成了一种有意味的图形符号。

现代设计是科学与艺术、技术与艺术、理性思维与感性思维、实用与审美的结合体，多元素、多材料、多媒介的介入使设计转变了原有的属性，是科学、技术、艺术的整合体。色彩作为现代设计的重要视觉元素它的本质也是功能与审美的结合，由于设计色彩的本质的转变，使得设计色彩最终从纯绘画形式中分离出来，成为具有特定含义与特定指向的专业课程。

色彩不是一个抽象的概念因素，它和我们的生活息息相关，同物质材料紧密结合，色彩是设计师能够自由运用的最为有力的表现工具，通过设计师独具特色的表现可以使色彩成为人们物质生活和精神生活的一种享受。图形、文字、色彩是现代设计的基本要素，色彩具有极为强大的视觉冲击力，人们在接触物体或作品时，最先获取的信息就是色彩，其次是图形，最后才是文字。人类对色彩的感应极其敏锐，现代色彩已经突破了原有的平面色彩的表现手法，通过各种媒介、材料，表现手法进行多层次、多方位、多空间的综合表现，带给人们全新的视觉体验，获得富有意味的视觉因素，形成新的色彩观念体系与趋势。

设计色彩渗透到了生活的方方面面，应用极为广泛，我们居住、办公的空间、穿着的服饰、选用的产品、出行的工具、染织设计、书籍装帧、商业广告、包装装潢、装饰工艺、电脑动画、摄影、雕塑和建筑等领域无一不被赋予了有意味的色彩，这种色彩是经过了人类漫长的历史累积、文化积淀，如图3-4所示。

书籍设计就是将图形、文字、色彩有效组织在特定的版面中，通过图形、文字、色彩符号的有效表现，相互作用，形成不同的空间架构。形与形的交替表现，图形与文字的相互翻转，色彩的远近、强弱、色相对比等独特配置，文字图形、图形文字都成了设计的重要表现手段和风格体现，因此空间结构变得更加生动和具有感染力。形体相互交错、穿插构成空间，通过直觉经验和心理体验想象着版式中的空间艺术，感受空间的多元与多变。

原图尺寸：780x520

原图尺寸：460x520

原图尺寸：940x520

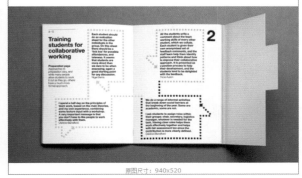

原图尺寸：940x520

◆ 3-4 国外展览宣传册
醒目的色彩，独特的镂空设计，增加了阅读的可视性和关注度，每一个色彩代表不同的主题，让人们可以清晰地进行阅读。

3.1 虚实相生

现代设计中，人们对空间形态作了大量研究，在平面上的空间也有不同的表现，有的表现是图与底的正负形的、二维的空间；也有的在平面上体现三维的空间。

书籍版式设计中，虚与实是一对矛盾体，从市场角度讲，版面占有率的多少直接影响成本的核算，一度人们为了节约成本，而放弃版式的审美功能，版式中只有通栏或者双栏、三栏等比较呆板的设计。而市场变化使人们的审美需求发生变化，所以，当人们不仅仅把传递信息作为书籍的唯一功能，书籍设计得以解放。中国画自古就有"疏可走马密不透风"的布局法则，非常注重空白空间的处理，画面中空间为虚形，图形为实形，可以通过刻画虚形来打破以往的以实形为主体形象的规律，产生意想不到的画面效果。"图"具有紧张、高密度、前进并能令人产生形象的性质；"底"具有使"图"彰显的感觉，而本身经常被忽略，使人印象薄弱，有后退之感。人们的视觉注意力往往集中在实形上，虚形经常被忽略。负空间是版面空间之外的空白，为了突出不同图形的形态特征，应留适当的空白，分类集中。负空间并非实体安排所剩余的空间，它是具有与实体同等价值的表达元素，空间在构图上有着不可忽视的作用。这种构图上的有意识"少"，却在画面和心理定式上得到了"多"。虚与实，图与底，说的都是版式空间——正负空间的关系，正空间就是版面中具有主导作用的图形、文字、色彩，负空间就是起到陪衬作用的具有空间距离感和模糊感的部分，空白的处理也就是版面的空间设计。有意识的空间表现能够最大限度地达到吸引视线进行传播的目的。虚与实作为一种表现形式是在有意识地彰显主题，画面构成中必须有虚有实，虚实呼应。画面的主体要"实"，客体要"虚"，"虚"是为了突"实"，应该藏虚露实，宾虚主实，才能做到具有独立的审美价值，如图3-5、图3-6所示。

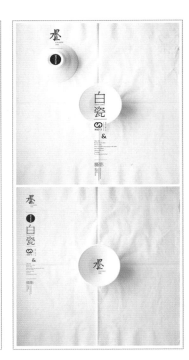

◆ 3-5 日本书籍设计的虚实对比
　画面通过黑白形成鲜明对比，墨瓷与白瓷本身色彩就具有强烈的对比，所以整个画面具有空灵感和图与底的交错感。

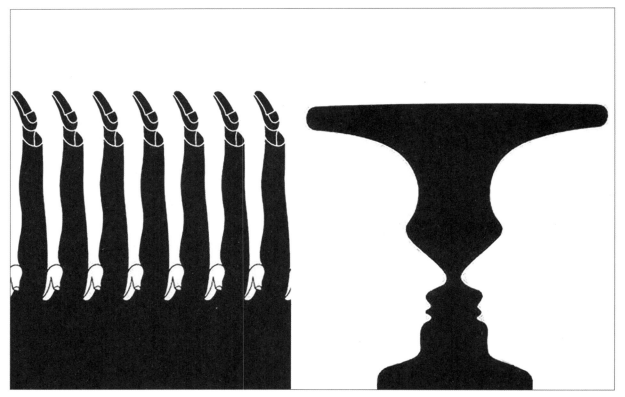

◆ 3-6 虚实对比
　图既是底，底也是图，二者相互抗衡，互相制约，互相彰显。

3.2 文质相依

书籍的首要功能是记录知识、表达情感，这是书籍的本质精神传达，然而时代的发展赋予了新的内涵，文字是书籍装帧重要的构成，包含书籍的书名、作者、出版社、书籍内容简介、扉页、目录、天头、地脚、页码的文字设计等，封面中的书名是第一印象，能够通过书名的有效设计传达书籍内容的精髓。文字自身就是一种视觉造型，能够直接传达书籍的文化信息。书籍装帧中的文字有三重意义，一是书写在表面的文字形态，一是语言学意义上的文字，还有一个就是激发人们艺术想象力的文字，而对于设计师来说，第三重意义尤为重要。汉字的意象化图形创意其目的就是把文字本身当作图形进行设计，透过本身的文字内涵进行图形变化含义的延伸。但这种图形文字与原始的文字图形有区别，前者是图形，后者是文字。文字是在原始的图形基础上演变而来的，现代的文字图形又是在现有的文字基础上发展变化的，要比原始的图形文字更具深一层的文化内涵和新的表现形式，象形文字只是对事物表面形体上的认识，是一种传达信息的简单语言符号，是在当时的特定环境中产生的，还称不上文字。图形文字则是在发展了几千年的汉字基础上，进行字体的再图形、再创意，利用现代社会发展的产物作为创作的素材，同时用这种创意制造一种氛围，使文字创意有更深、更广的意境。意象化文字不仅从形式上，而且从内容上进一步深化所要表现的内容，现代汉字的系统化、完整性、统一性和规范化，为汉字的意象化创意打下良好的基础。汉字图形化就是利用现代社会发展的产物，现代化的元素符号，在汉字结构上的再图形化，再创意化，是让人们在已有的熟悉汉字的基础上想象变化后的另一种含义，如图3-7、图3-8所示。

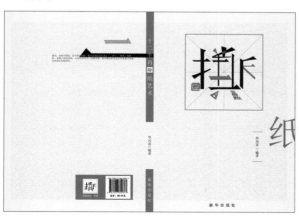

◆ 3-7 书籍设计的汉字创意表现
以传统的汉字书写格式作为表现手段，汉字局部笔画的变化与书籍主题遥相呼应。

◆ 3-8《故事记》书籍设计的汉字创意表现
以传统的汉字书写格式作为表现手段，汉字局部笔画的变化与书籍主题遥相呼应。

文字是书籍信息的主要构成元素，在书籍装帧设计中，文字的设计能够较好地反映出书籍内在的文化底蕴。字体是指文字的风格款式，不同的字体传达不同的个性特征，不同的视觉风格都有与之相应的字体，设计师在进行版面设计时必须充分考虑字体的个性特征与内文的适应性，选择与编排整体风格即与主题相适应的字体。书法是中国独特的艺术形式，被广泛应用于书籍设计中，既是信息的传递形式，同时又是独特的艺术表现手法。书法是传达中国性、历史性、古典性、艺术性、文化底蕴等信息的特定符号，具有一定的适用范围，如：古籍书设计，国画画册设计，与中国传统文化相关的书籍设计等。书法的种类繁多，字体风格也各有特色，书法是文字创造的最好途径和形式，隶书清晰、平正、庄重、匀整；篆书空间结构严谨、匀称、中正、严整有序，具有秩序、庄严的静态美，给人一种古色古香、古朴高雅的感觉，常应用于贺年卡、请柬、印章设计等方面；楷书又称正书，从篆、隶演变而来，楷书笔迹有力，笔画清楚，易读性高；行书是楷书的变体，动静兼有，浓淡相映，具有阳刚之美；草书是简省字体，体势放纵，轻重缓急，有意动神飞的意境，极具个性。我们发掘不同字体之间的内在联系，可以以画面中使用的不同字体为基点，从字体的形态结构、字号大小、色彩层次、空间关系等方面入手。文字个体形态设计中，所谓的"形"指字体所呈现出来的外形与结构。为使文字的版式设计与书籍风格特征保持统一，选择何种字体以及哪几种字体，要多做比较与尝试，运用精心处理的文字字体，可以制作出富有较强表现力的版面。创造就是集中、挖掘、摩擦然后脱离。文字的版式设计更多注重的是文字的传达性，除我们所关注的"文字"本身的一种寓意外，其本身的结构特征可成为版式的素材。因而要特别关注文字的大小、曲直、粗细、笔画的组合关系，认真推敲它的字形结构，寻找字体间的内在联系，如图3-9、图3-10所示。

◆ 3-9 书籍设计的汉字创意表现
传统字体的现代变化，表现了一种简洁性、秩序感。

◆ 3-10 书籍设计的汉字表现
传统字体具有厚重感和文化内涵，笔画苍劲有力，版式具有明确的分栏，信息归类整齐。

以版式中出现的黑体和宋黑体进行分析与研究：黑体属于无衬线体的一种，其字形略同于宋体，但是笔画粗细比较均

匀且没有宋体的装饰性笔形，因此显得庄重而醒目。黑体又划分出粗黑、大黑及细黑体等多种字体，它们之间存在着相似的元素，多适用于书籍中的标题和强调性文字与图版的说明。而宋黑体是宋体的衍生造型，兼有黑体的稳重和宋体的纤细典雅，较为典型的呈现出两者在造型上的内在联系。从画面的层次上来看，黑体膨胀感较强，在设计中我们可视为画面中的"面"，而宋黑体作为"点"出现，对其采用群组编排手法时也可避免版面字体元素较多而造成的凌乱现象，与作为标题的黑体产生呼应。

现代印刷中字体的字号是表示字体面积大小的术语。计算字体面积大小，通常采用号数制、点数制和级数的计算法。号数制用来计算字体铅字的大小标准制度，有初号、一号、二号、三号、四号、五号等，扁体字字体按宽度计算，长体字按长度计算号数。照相机排版使用的10mm制，基本单位是级（K），1级为0.25mm，它是用级数来计算。点数制是世界流行的计算字体的标准制度，电脑字也是采用点数制的计算方式，每一点等于0.35mm。标题字一般大约14点以上；正文用字一般为9点至12点，文字多的版面，字号可减到7点至8点。

现代电脑技术的应用，出现了多种装饰字体与书法字体，有粗黑体、综艺体、琥珀体、粗圆体、细圆体、水柱体等。字号可随意改变，长短可随意变形，还可做出各种特殊的肌理效果，具有灵活多变的特点。

文字的间距与行距的把握是设计师对版面设计的整体感受与个人特质的一种反映。字距与行距的排列可以导致阅读速度的增加与降低，文字排列紧密会使阅读速度加快，反之会降低阅读速度。字距与行距的宽窄是设计师较难把握的问题，其基本构成法则就是要依据形式美的构成法则，由于文字的排列会形成点、线、面的感觉，在编排设计中就形成了一定的形式感，所以灵活运用与掌握字距与行距，是阅读与形式美感的共同需求。

不同的字体有与之相应的行距与字距的比例安排，由于人们的生理因素与视觉习惯形成了一定的定势，在设计时就要充分掌握这个因素。行距过窄，上下文字相互干扰，目光难以沿字行扫视，过宽，使文字没有较好的延续性。字距的拉大虽然会影响阅读的速度，但在现代设计中这也是一种常用的表现手法，它会使字重新回到"点"的视觉元素中，形成一系列的虚点，吸引读者对此作出耐心的评判，由于视线的游离与移动，拉动版面中其他的视觉元素，对内容进行很好的释读，具有精致典雅的效果。为了获得良好的阅读效果，行距略大于字距。行距在常规下比例：用字8点，行距为10点，即8:10；用字10点，行距则为12点，即10:12。现代设计中行距的宽窄除了要以内容而定，还要体现设计者的表现风格，一般情况下娱乐性、抒情性读物，加宽行距以体现轻松、舒展的情绪；也有纯粹出于编排的装饰效果而加宽行距的。现代设计的形式多样性已打破了这种限定，呈现了多元化的表现方式，往往将文字分开排列，清新明朗，富有现代感。

3.3 空间构架

　　王受之先生曾经这样评价平面设计的空间，"所谓平面设计，所指的是在平面空间中的设计活动，其涉及的内容主要是空间中各个元素的设计和这些元素组合的布局设计。其中包括字体设计、版面编排、插图、摄影的采用，而所有这些内容的核心是在于传达信息、指导、劝说等。"书籍空间架构就是将视觉要素进行有效整合与组织安排，受不同空间的界定，因此设计各要素通过不同形式的组织和表现，有效地被安放在限定空间中，形成空间的相互约束和制衡。这里的空间可以是实体的空间，也可以是虚空间，虚空间也是有效空间，甚至在实际设计中它并不是我们理解的毫无意义的消极空间，可以更加有效突出主题，积极参与设计。书籍空间设计就是各种图形符号的互相牵制、相互制约、互为主体，每一个图形符号都有自己的主体形状，受到边界、周围形态、色彩等的制约，因此相互的顾盼形成了不同的版式空间，造就了具有实体意义和偶然形态的产物。当空间作为消极因素隐藏于实体图形之后时，它处于一种静止的状态，但是当它与主体积极互动，形成抗衡时，变得积极、活跃，形成具有实体表现的活跃空间，这时版面具有的空间就是流动的、积极的、显而易见的。"图"具有紧张、高密度、前进并能令人产生形象感的性质；"底"具有使"图"彰显的感觉，而本身经常被忽略，使人印象薄弱，有后退之感。人们的视觉注意力往往集中在实形，对于虚形经常忽略。图底互换法设计是根据"相互统一、相互排斥"这一物理学原理，使正形与负形形成各不相让的局面。当图与底产生抗衡时，图作为形象显现，底也具有一定的形状，图与底交替的错视效果，就破坏了正常的视觉思维，明确清晰的感觉被有意干扰，这种正负形的巧妙运用令一种形态传达出两种信息，创造出全新的视觉形象，显示出特殊的艺术魅力，如图3-11、图3-12所示。

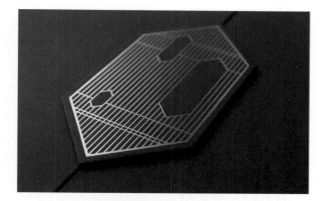

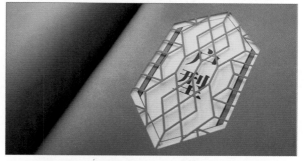

◆ 3-11 空间架构
　　从文字到色彩到书籍内页都构成了一种空间关系，镂空的表现手法增加了书籍的立体空间探寻，整个设计步步为营由表及里的表现了空间形式。

◆ 3-12 空间架构
立体的空间内页设计，就是对书籍空间的极致挑战，充满了刺激感和视觉冲击力，所以当人们在平淡的内页发掘立体的图形时，对于书籍的整体空间有了进一步的体验。

书籍设计的空间是一种视觉上或心理上的定式表现，同时也是具有实体空间的表现形式。书籍是六面体的空间表现，这不同于一般的版面的二维空间形式，因此，这种构架是一种实体的构架和实实在在的触觉体验，也可以被称作一种想象和现实之间的嫁接。空间的意义是广泛的，是被设计者时刻关注的主题，具有巨大的表现力，传递重要的信息和符号语义。生活与设计中空间表现随处可见，好的空间是大胆的空白，好的设计师不是进行空间设计，而是进行设计的空间表现，所以当我们面对有限的维度表现时，首先要做到就是空间的层次与体力结构设计，这样才能更好地拥有设计表现力。

现代版面一反常规的设计理念，打破了刻板的古典编排和网格设计的制约与局限，突出形式美感，一反以往的重功能轻装饰的倾向，追求一种原始的、非理性的思维方式，体现了多元化的设计风格。在自由的版式设计中，书籍空间成了迷宫的主体，空间变成了一种真实可感的实体，原有的文字、图形、色彩都成为空间的颗粒存在，这种主体与客体的反转成就了一种非理性、游戏性及颠覆性的设计方式，打破了传统的阅读规律，使读者在设计者的引导下进行了一种空间游戏，文字与图形时而是形式上的转变，时而是空间上的转变，时而又转变成信息的转诉者，充满了紧张感与刺激性。

3.4 传情达意 ——独步江湖 的图形

书籍设计中，图形具有先声夺人的气势，吸引我们眼球的往往是好的图形，因此进行书籍设计时，图形语言就是独树一帜的表现形式。图形具有表意功能和基本的识别功能，因此图形的设计与表达成为重要的视觉语言和创作手段。

3.4.1 图形的表述——加法与减法

图形是一种世界语言，它超越地域和国家，一切具有形象的都可称之为图形，包括摄影、绘画、图案等，分写实、抽象、写意、装饰等。书籍的装帧设计是在有限的二维空间进行三维空间的视觉想象创造，因此图形就具有承载想象魅力的功能。通过人们对生活的感受和丰富的情感，充分地展现出图书要表达的内容和中心思想。书籍设计中图形具有明确的空间占有形式，图形的大小、强弱、虚实、位置等都可以为书籍带来不同的视觉冲击。书籍设计中，图形的面积和数量可以形成不同的体验，图形设计可以采用具象、抽象、比喻、夸张、借代等表现形式，这些表现形式从根本上可以为人们带来不同的心理定式，形成心理上量的增加或减少——就是我们说的加法与减法。

图形的加法就是通过电脑、摄影、绘画等表现形式，使图形语言变得更加丰富具有感染力，画面变得更加细腻、丰富，层次感加强。加法的表现形式可以是图形自身的重叠、图形的自身表现赋予的寓意、图形通过技术处理增加的图形可视度，等等。西方设计中我们经常可以看到绘画形式的添加和摄影技术发明后，设计师通过电脑技术进行的图形创意添加，这种书籍图形设计增加了阅读的丰富性和冲击力，如图3-13、图3-14所示。

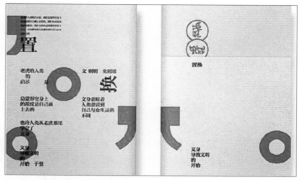

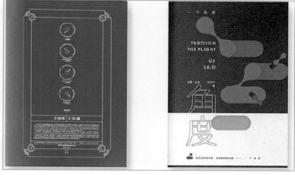

◆ 3-14 图形减法
　图形的裁切、提取都是减法，画面简洁、清新，整个设计具有空白美。能够在有效版面体味无穷意味，图形的大胆舍取是一种极具装饰美和空间感的设计手法。

　　具象手法被我们称之为加法，它是图形最有效的表现形式，我们都知道具象是在我们熟悉的世界中进行事物的描绘，具象的图形增加了图形的可信度和认知度，因此在设计中可以更多地传递信息、表述主题。其特点为运用写实性手法使读者能从直观形象中了解书籍的内容、性质，给人的印象是真实的、立体的，如少儿类、科技类，通俗类书籍用此手法较多。具象的表现原则常见的有摄影手法，它可以用设计师的构思及电脑制作的配合，使视觉形象更美好。也可以采用手绘水彩、水粉、喷绘等手段。

　　裁切和解构被我们称之为减法，图形的大胆裁切和解构也是减法的主要表现形式，删繁就简是设计的精华所在。图形不是堆砌在画面中才能达到良好的画面语言，意犹未尽才是最好的形式，因此敢于对图像、图形进行局部的裁切和大胆的重组，变成新的设计语言，这才是一种设计的融合，现代设计中印刷的图形色彩也成为减法的一种制作方法。20世纪90年代以前，中国的出版物基本上还处于凸版铅印的阶段，由于科技落后和经济制约，一般设计用色限制在3至4色以下。但那个年代的设计大师在有限的用色条件下，精于构图，以概括、洗练的设计构成，单纯的设色，同样呈现出较为丰富的视觉效果，典雅大方。如果说，那个时代装帧的单纯、简洁，多少有

◆ 3-13 图形加法
　具象图形可以增加阅读的信息量，能够在短时间表达书籍内容，同时图形具有真实可感的视觉与心理体验。

些受条件所迫，多少有些被动因素的话，那么，现代设计师的单纯、简洁则完全出于主观因素。他们使装饰语言从属设计语言，化繁为简，惜墨如金，尽可能做到以最少的设计语言传达最多的视觉信息。

3.4.2 图形的延展——乘法与除法

乘法与除法带给人们的视觉冲击力远远大于加法与减法，因此它的使用能够更加触及心灵。图形的类似联想、相关联想、相反联想、因果联想等都是乘法所使用的思维模式，夸张、变形、特异等都是其表现形式，如图3-15、图3-16所示。

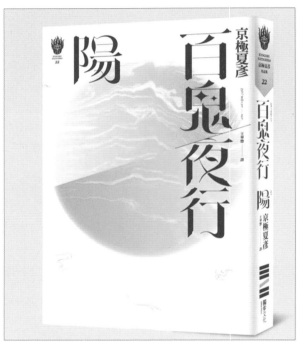

◆ 3-15 图形乘法
欲语还着的图形表现具有无限想象空间和象征寓意，因此图形的空间延展成为书籍的重要语言，无尽的想象增加了图形的表述含义。

联想与想象、象征都是图形的乘法，象征手法源于生活又是对生活物象的超越，表现事物本质的同时，又超越本质进行了原有物象的延伸和超自然的存在，使人们相信其存在的合理与可信。

乘法有以下表现形式：

象征：象征手法的运用具有超越自我的表现形式，用更广阔的想象空间，去深刻地展示图书所要表达的丰富内涵。是图形图像的最主要表现形式，象征手法的运用，增加了图形图像的视觉效果和语言魅力。象征的本体和象征意义之间可以有必然联系也可能没有必然的联系，因此设计师就需要根据以往的经验和生活常识与人们对事物的认知度，突出描绘事物特征，使观者产生由此及彼的联想，顿悟其中含义。象征手法通过对抽象概念的具体化、形象化，使深刻的哲理浅显化、简明化，

加快和加深人们对于图形图像内涵的领悟，使图形图像的内涵得到延伸。

比喻：被比喻的事物叫"本体"，用作比喻的事物叫作"喻体"。比喻手法的运用是为了更加形象生动地阐释图形图像的表现力，如民间常用石榴、大枣、莲子比喻子孙繁衍，用鱼比喻生活富裕等，用梅花鹿、蝙蝠、桃子、松树、仙鹤比喻长寿，土耳其用蓝色眼睛赋予神奇的力量，比喻手法的运用增加了视觉表现力。

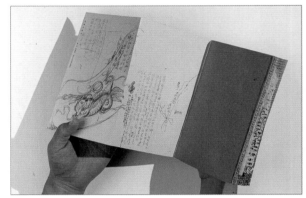

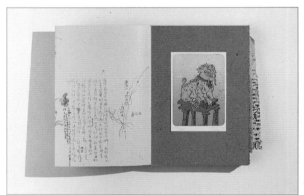

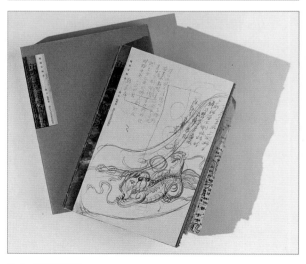

◆ 3-16 图形乘法
具象图形、抽象图形和象征意义的图形增加了图形语义的内涵，丰富书籍情感表现，能够有效彰显书籍本质。

夸张：夸张的主要目的是烘托主题，感染气氛，更加深刻、生动地揭示事物的本质，增强图形的感染力和趣味性。夸张法无论在图形、图像、视觉语言中还是在舞蹈、音乐、喜剧、文学、电影等艺术中都是经常使用的手法，夸张表现手法通过言过其实的方法，强调、扩展画面中形象的主要特征，或是打破现实的物与物之间特定的比例关系，通过一种反常规、反正常比例的关系表现，形成鲜明对比。是在保持原形的基础上，对形象进行夸张处理，将形象局部、整体、色彩大胆进行变形，创造一种奇特新颖的视觉形象。

借代：借代手法的运用增加了图形图像的神秘感，为了更好地表现画面情节或是事物的独特性，通过"借"与说的人或事物有密切象征关系的其他事物来"代替说明"的一种表现手法。借代手法可以自发地引人联想，调动受众的思维与对事物的直觉认知，在头脑中形成认知共鸣，从而达到心有灵犀一点通的奇特效果。

所以图形乘法的魅力就在于此，世界万物都有广泛的关联和存在的必然，通过有意识地增加万物之间的嫁接，增加了人们内心最深处的那种渴望和对理想的憧憬，所以图形的表现力得以升华和延伸。

除法就是对自然物象的有意识消解，是一种无声的图形语言，在看似消极的画面构成中探索空白的空间和简洁图形之外的寓意。抽象手法被我们称之为减除法，是对自然、生活的提炼和总结，同时也是对抽象元素的整合，比如点、线、面的设计表现，比如以线作为造型手段的中国画带给人们宁静致远的意境。抽象的艺术始于原始人类的表现，儿童绘画就是人类之初对世界认知的表现，当人们的思想意识、表现手段都得到提升时，对于图形语言的表述就会上升到更高的境界。人类总是在抽象——具象——抽象中徘徊。抽象的表现原则是以点、线、面等有机图形和无机图形来表现特征及构成形式，点的聚散、虚实、方向，线的疏密、长短、粗细、强弱、曲直，块面的大小、位置、叠加、错位、形状等对比，色块的层次来表现。装帧设计单纯、简洁的艺术风格由图书本身的文化属性所决定，如图3-17所示。

现代、后现代艺术的发展与演变也促使图形语言得到拓展，现代艺术与后现代艺术的就是在这种情况下发展并改变着人们的观察角度、表现形式，带给人们视觉惊喜。人们用最简洁的图形、图像语言表述这个繁复多变的世界，这种除法表现形式实际上也是对无休止的图形叠加方式的无言抵抗，这种新奇的视觉表现让人们感到了前所未有的冲击力。设计者把目光转向原始艺术、部落艺术和具有写意风格表现的中国国画艺术。人类对原始符号体系的借鉴与使用具有悠久的历史，无论东方还是西方，以现代西方绘画为例，"现代艺术之父"的保罗·塞尚、保罗·高更、保罗·毕加索、亨利·马蒂斯、文森特·凡·高、亨利·卢梭、亨利·摩尔、布朗库西等都崇尚原

始艺术，把原始艺术看作是创作灵感的来源之一。瑞士画家克利是最富于变化、最多面性、最难以理解和最杰出的天才之一。克利经常把不相干的题材相互交织在一起，有时是数学式的排列，有时则是有机式的组合。

虚与实（图与底）是除法的最重要表现手段，大面的空白和图与底的反转，成为一种无声的语言，但是却能够有效吸引消费者的视线，成为重要的表现形式，如图3-18所示。

◆ 3-17 图形除法
抽象、虚图形和文字有意识的残缺，都制造了一种无限想象空间，这种无声的图形语言胜过叠加的图形表现。抽象的和有意识简化的图形是在复杂图形的基础上进行大胆的舍弃，留下更好的表现语言。

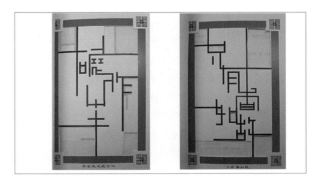

◆ 3-18 图形除法
文字删繁就简，镂空形成的空间表现使画面更加简洁、清晰，文字图形化设计既是图形又是简洁的符号表述。

3.5 相由心生——"字"由"字"在的独白

作为人们进行交流与沟通的符号，字体设计作为现代视觉传达的重要组成部分，具有一定的语义功能，已经远远超出以往的传意的功能，具有了可视性与观赏性。世界各国的历史尽管有长有短，文字的表现形式也不尽相同，经过演变逐步形成代表当今世界文字体系的两大板块结构：代表中华几千年文化历史的汉字体系和象征西方文明的拉丁字母文字体系。中国文字本身具有很高的审美性与观赏性，中国文字的构成，每个字的间架与笔画都具有一定的构建性，充分运用了平衡、对称、和谐等形式美法则，具有独体与合体两种形式，每一种形式都具有完整性，与西洋文字的大同小异、简单的字母组合，排成一横列的视觉效果完全不同。中国文字艺术中尤为突出的是书法艺术的体现，它是表现中国文字特有艺术的最佳途径。书法在现代设计的应用，受到西方现代设计体系的影响，在视觉运用上已经超出传统的书画形式上的运用。汉字和拉丁字母文字都是起源于图形符号，经过几千年的演化发展，最终形成了各具特色的文字体系。汉字仍然保留了象形文字图画的感觉，字形外观规整，为方形，而在笔画的变化上呈现出无穷含义。每个独立的汉字都有各自的含义，与拉丁字母文字截然不同，因而在汉字的文字设计上更重于形意结合。拉丁字母多为字母文字，英文是一种常用的文字，是以拉丁字母来拼写的，其渊源也始于绘画，经历了漫长的发展阶段。其表现方式主要有4种：罗马体、埃及体、无饰线体和手写体，如图3-19所示。

3.5.1 文字的表述——情感

中国自古书画同源，文字包含了众多的情感因素，文字"图形化""图解式"的造型特点及中国汉字的造字法也充分表明了汉字的历程和与人们息息相关的情感表述，汉字的设计并非将意念提炼出来，给一个无形的概念赋予一定的形象。现代字体设计根据汉字"意"的特点和表达"意"的要求去寻找、选择、加工、组织、探索与创造适合的"形"，并与一定的传播媒介相结合，使"形"成为承载"意"的载体。中国的汉字

的象形特征在于它有简约的轮廓，整体的协调性和概括性，既体现出民族传统的文化内涵，又表现出文字的特有的意向内涵，以形表意，以意传情。文字设计领域的不断发展已不再满足于以往的单纯的信息传达作用，它的形态展现也不再以冷静的姿态出现，而是积极地参与到设计中，成为设计领域不可或缺的一部分。

设计者在创作时把个人的认识、经验、喜好等投射到"形"上，与"形"的构成要素及其整体效果对应起来，从而产生对"形"的认识与判断。这种认识与判断也会随观者的不同而产生不同的感悟与认识。汉字设计的"意"是设计的内在构成，或具有丰富的信息传达或可感悟到传统的文化意蕴，或有着超凡脱俗的创意，或给人以潜意识的启示，是内容个性化的流动之美。文字的象形表现形式和图形文字的介入，增加了文字的图形化要素和图解式特征，因此经过精心设计的文字图形和图形文字都是具有情感特征的，存在于语言和符式之外的特定情感。在设计中，文字不仅只是简单的、语言的外在符号，更是一种意义传达的复合视觉形象基础，其意义不仅在内涵，也在其外部"形式"，如图3-20所示。

◆ 3-19 字体设计
英文文体设计具有随意性，版面活跃，字体灵活，不同肌理的字体表现使画面具有质感和空间对比。

◆ 3-20 文字情感设计
图形文字的有意识设计使画面具有意境和遐想空间，有效表现书籍情感。

3.5.2 文字的形态——空间

利用大小表现空间——画面中字号大的文字离我们近，字号小的文字离我们远；利用重叠表现空间感——一个形重叠在另一个形上会让人有前后之分，产生空间感；利用肌理变化表现空间——文字肌理的构成和构图的前后关系也是体现空间关系的一种表现方法。一般来说，近景突出，清晰，肌理效果明显，色彩的明度、纯度都高；远景平淡，安静，色彩的明度、纯度都要降低，肌理效果不明显。肌理粗糙的使人感觉近，肌理细腻的使人感觉远；利用间隔疏密表现空间感——文字间隔宽松与细小的疏密变化可产生空间感；利用矛盾空间表现空间——所谓矛盾空间就是在二维画面中不可能出现的空间关系，人们在二维画面中通过想象及假设看到了事物的另一面，把两个不同空间结合在一起，产生了不合理的错视效果；利用图文叠印表现空间——这种排列方式一般不以传达信息为目的，主要是为了产生一种独特的视觉效果，追求丰富的画面层次。虽然从表面看起来仿佛是音乐中一个极不和谐的杂音，但

在变化多样的现代字体设计中已成为一种设计主流，深为设计师喜爱，如图3-21所示。

现代电脑软件的丰富性与便利性使字体设计的空间表现丰富多样，可以采用镂空与浮雕的表现形式，或是采用立体造型方式进行塑造，总之方法多样，深受设计师的喜爱。

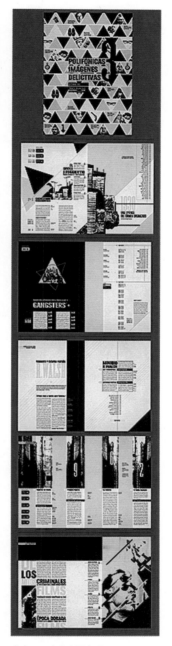

◆ 3-21 文字空间表现
文字的重叠、大小、虚实都充分表现空间层次。

3.5.3 文字的转化——符号

汉字和拉丁字母本身就具有符号的特征，以拉丁字母的符号特征尤为明显，所以符号作为文字传递的首要表现形式，在当今设计中，通过对文字的解析、结构、重组。从而强化符号的传递和图解功能。我国文字从象形文字发展到抽象的符号寓意，形成了特定的程式化符号语言和表现手法，也具有特定的文化内涵，汉字通过点、线、面进行构架，这些都是重要的抽象元素，虽然文字图形、图形文字也具有图形的特征，但是同这些抽象要素组成的文字图式相比，文字还是具有图形符号特征的视觉语言。当我们将"解构"充分运用到设计中时，其文字符号的特有魅力就被充分挖掘出来，成为具有意味的图形符号形式，结构更加丰富、具体、多样的表现了文字的符号化语言，在似与不似之间创造新的图解和想象空间。人类创造了极为丰富的文字符号，这些符号形态多样，具有极强的表现力，在人类漫长的文明史中，其形态的发展、超乎寻常的视觉感染力，已经同图形紧密结合，形成了无与伦比的形式美感和文化特征，如图3-22所示。

◆ 3-22 文字符号表现
抽象点线面与文字相结合，显示了文字的符号特征和图形要素，共用形增加文字与图形的紧密性与层次感。

自由版面设计非常重视对形式的表现力，为了形式甚至可以牺牲文字的功能性——即可读性。在设计中后现代艺术对设计的影响极为深远，解构形式的应用在文字中也得到了充分的体现。由于文字从原来的从属地位及对内容的说明性上升到表现性元素，因此在设计时它不再是一种简单的说明性符号，而是具有情感因素的表现实体。解构形式的运用充分体现了这一原则，在认识事物时，透过表面看实质，更具体、深刻地研究物体的内部结构与事物的内在美，了解其组成要素和对形态产生的影响。通过对客观事物的分解重组，产生出新的形式和内容。分解的目的是重新组合，分解是形态变异的一个重要方式，从表面上看，是对原形的破坏，实质是对形体元素的再提炼，打破时间、空间的限制，对形象进行再创造。因此它的抽象性更富于情感因素。在原有文字的基础上根据内容与形式的需要对文字本身及秩序进行分解与重构，一反常态的安排字体，使其更富有欣赏性，阅读更加轻松愉快，如图3-23所示。

3.6 神采奕奕 ——升华的色彩

色彩与人们的生活有着千丝万缕的联系，生活中无处不体现着色彩的魅力，好的色彩可以传情、达意，可以使内心得到愉悦感，可以刺激消费。色彩高于其他艺术形式，能在不知不觉中左右人们的视线，影响人们的情绪，色彩作为一种符号，在与具体的图形、表情、象征符号相结合时，能够产生语义的转化，形成具体的、确切的审美联想与审美实用价值。书籍设计中色彩的人性化、功能化、文化内涵的体现，都是色彩的最基本的传递。

书籍色彩的表现也要具有独特的风格，这样才能反映独特的内容，如吕敬人的设计与杉浦康平的设计具有不同的风格，吕敬人的设计重在传达丰富的传统文化，用色简洁、大气，尽显中国文人气质；杉浦康平的设计色彩丰富，具有极强的表现力，色彩通常通过数码载体进行传达，他的设计引领时代，"悠游于混沌与秩序之间"，将西方的现代设计表现手法与东方哲学、美学思想相联系，杉浦康平和谐而不失灵性的色彩，奉行"一即二""少即多""阴阳两极""五彩相会"的思想，表现出五光十色的色彩设计，如图3-24、图3-25所示。

◆ 3-23 自由版式设计
画面没有固定的网格和对齐形式，文字既是符号也是设计的图形，整个画面同构文字的局部叠加、粗细对比、大小疏密，安排变得错落有致。

◆ 3-24 色彩表现
具有冲击力的色彩能够在瞬间吸引读者，所以色彩的对比、色调的和谐统一都是需要具有一定的内涵和情感特征。

◆ 3-25 杉浦康平设计作品——色彩表现
作品色调和谐统一，画面充实，色彩在近似色调中寻求变化，黑色块有效组合因色彩的相似性而形成的混沌、模糊。

3.6.1 和谐统一——气色之美

好的书籍设计是色彩从内到外，由表及里的一气呵成，不论是封面的图形色彩还是封面的纸张色彩，环衬、扉页、内页等都需要进行统一的色调规划，我们经常说一个人的气色是由内而外的散发，在书籍设计中，色彩的和谐统一也是以这样的形式进行的，所以好的书籍必是那种集统一的色彩规划、良好的色彩象征和足够的色彩表述于一身的设计。在我们传统的国画中就可以看到这样的气色之美，所以不论是传统书籍设计还是现代书籍设计，我们都要通过这样一个典型的设计语言对书籍进行量身定做。以中国传统文化书籍设计为例，中国的艺

术从根本上是一种"象征的艺术""寓意的文化"，追求一种淡雅、宁静、静虚之美，在墨色的使用上，更加注重情感的表现，注重色彩的平面化、意象化、装饰化，在似与不似之间塑造一种内心世界的真实，这种风格的形成具有"天人合一"的宇宙观思想，把黑白作为色彩的极致，涵盖了大千世界，无限宇宙，墨色通过水分的浓淡干湿表现了变幻不定的画面形式，这是一种情感的传递、表现，同时也符合中国人的审美习惯。大千世界林林总总都可以表现在斗方之间，我们可以从用笔、墨色之间体验一种情趣与审美，在这里形与色是相对的，追求的是形神兼备、以虚代实、气韵生动的艺术境界和洋溢着笔墨意趣的艺术效果，如图3-26、图3-27所示。

◆ 3-26 气色之美
画面色彩表现简洁，主体突出，通过跳跃的色块表现了设计主题，整个画面具有国画的意蕴，层次丰富。

◆ 3-27 气色之美
以水墨作为书籍整个的主题韵律，画面具有层次和意蕴，虚实相生，浓淡相宜。

3.6.2 低调内敛——内蕴

内蕴即事物内部蕴含的东西。色彩的内蕴就是对文化的体现，文化是什么，对于每个人来说并不陌生，比如儒家文化、玛雅文化、饮食文化等，文化色彩又包含了什么，它似乎离我们很近，发生在我们的生活中，又似乎离我们很远，具有悠久的历史。埃菲尔的铁塔、巴黎的卢浮宫、中国的长城、希腊的巴特农神庙都属于文化。从建筑到使用的器物，从抽象的道德到具体的法律，从艺术宗教到科学技术，文化就是我们的生活方式。

人类使用色彩具有悠久的历史，并且赋予色彩不同的生理、心理和文化特征。色彩由于人类及人类情感的介入而具有了丰富的内涵。人类社会的各个层面如哲学、服饰、建筑、绘画、工艺、宗教、音乐等领域均离不开色彩的美化，色彩表现手段的丰富及情感的表达，使人类的审美与内心情感的体验不断变化，色彩代表着人类特有的文化生活，我们可以通过色彩的地域性、人文性、阶段性、审美性来诠释色彩文化。

文化色彩的符号作用于人们的情感、引导人们的生活、启迪人们的智慧，不同的文化理念赋予了色彩不同的生命质感，使色彩更加鲜活、动人。掌握不同色彩的文化属性，会不断丰富我们的视野和视界。文化色彩符号随着社会的发展变化而不断延伸，并能被各自的民族所诠释，世界的共通使文化色彩符号越来越被人们所熟悉、理解、运用。如图3-28所示。

◆ 3-28 内蕴之美
大红的色彩彰显中国特有的民族文化，内页设计低调奢华，采用假金色来烘托书籍内部图形的悠久历史。

3.6.3 华丽转身——升华

书籍是精神的承载体，所以本身就带有情感特征，书籍的内容和体例都具有特定的情感和表达方式，因此设计者针对不同的书籍情感要进行不同的色彩呈现。色彩不仅有个性，而且有年代、情境、性别、味道、温度、软硬、形状、轻重、大小、胖瘦、季节、年龄、职业、地区等象征意义。色彩的感官联想不仅与听觉、嗅觉、味觉有关，在文学诗词中也有具体的体现，"碧云天，黄叶地""绿杨烟里晓寒轻，红杏枝头春意闹"等，由文学表达的色彩意境和情调同样使我们感受到色彩的魅力所在。人的心灵能有效地洞察一切色彩现象，意向色彩通过对自然色彩的元素提取，进行具象到抽象的变形。色彩具有表现与再现两种形式，人们对于色彩的情感需求是一个日益提高转化的过程，色彩作为一种微妙且丰富多彩的现象，存在于客观世界，人类经过了从自然色彩的描摹到意象色彩的表达这样一个从物质世界转向精神世界的心灵升华过程。色彩的独具一格的表情与特征不时地感染我们的视觉、心理，同时也刺激我们的大脑，在这种反复的经验、认知的过程中，人们逐渐掌握了一些色彩的基本理论，同时不断的赋予色彩新的内涵。在经历了描摹的原初阶段后，人们不再满足对自然的简单再现，逐渐将目光转向表现，艺术的本质特征就是"表现"，它是对自我的肯定，对现实的洞悉，也是对精神的一种升华。从"再现"到"表现"是一种思想不断进化、情感不断明晰、主观与客观不断结合的产物。

色彩中的"意"属于意识形态的产物，人们的生产、生活活动都是一种有意识的、有目的的创造性活动，当人们能够主动的发现、安排、调节色彩的属性、运用形式、表现方法时，色彩的"意"就可以同"形"相分离，从而以知觉经验对色彩进行保留、分析并加以概念化。为了明确色彩的主体表现形式，我们通常要根据色彩的"意"进行创造，这种"意"的表达是一种理性的思维过程，有着明确的目的，并且要寻找恰当的表现形式。现代科技手段的不断进步、新媒体新材料的发明与使用，都使色彩的"意"能够准确地进行表达。同时色彩作为"意"的有效承载物，在设计时，就要求赋予承载体强而有效的色彩表达形式，通过视觉、触觉、味觉等来刺激、引发受众的知觉经验，从而将个人的认识、经验、喜好等投射到"色彩"上，与"色彩"的构成要素及其整体效果对应起来，从而产生对"色彩"的认识与判断。这种判断与解读具有可变性，会随着观者的不同而产生不同的意识与情感联想，一个成功的作品会让受众感受到情感、意识的交流与碰撞。色彩的"意"能够准确地传达情感，表现特有的文化意蕴，传达丰富的信息，在这个五光十色的世界中，色彩的"意"是设计的本质表现，具有个性化、时尚化、不可复制性，同时也是一个设计者与受众心与心的交流，是主观与客观相结合的产物，是人类精神世界在经过一定的酝酿与储藏之后爆发的结果。

意象色彩的表达具有明确的符号特征、主观特征、情感特征，是内心世界对于现实的真实表现。人类在与自然不断协调与斗争中，创造了物质文化与精神文化，它不仅仅是对现实生活的真实反映，更是满足人们的心理需求与审美需求。我们可以从原始艺术探寻色彩的本源，那是一种对未知世界的心灵寄慰，原始艺术中对色彩的运用就存在于一种"意象"表达，只不过它还处于一种蒙昧的状态，而今发展演变的纯艺术形式，我们都可以准确地探寻他们的原始情节与意象情感的表达，如图3-29所示。

◆ 3-29 意向色彩设计
主观性色彩绿色与粉色的强烈对比，整个书籍充满了视觉刺激，通过跳跃色彩突出图形个性，人物色彩超越自然色彩，变成一种由内心主观情感控制的对比形式。

教学实例

书籍设计是一个长久的有计划的工程，要想使书籍设计具有气韵和内涵，就需要对书籍进行整体风格的定位，比如色彩的表现是浓还是淡，图形是具象还是抽象，文字是作为符号还是参与到图形设计中，所以好的书籍都是内容与精神的完美统一，每一个元素都是设计的主题，都是不可或缺的必要要素，好的设计必然经得起由内而外的推敲和整体风格的延伸，如图3-30、图3-31。

◆ 3-30 日本书籍设计——虚实相生
书籍整体设计具有气韵，步步为营，整个设计以文字作为图形要素，在浓淡之间进行画面的氛围营造，版式舒朗大气，具有国画般的意境，因此画面具有良好的阅读性和秩序感。

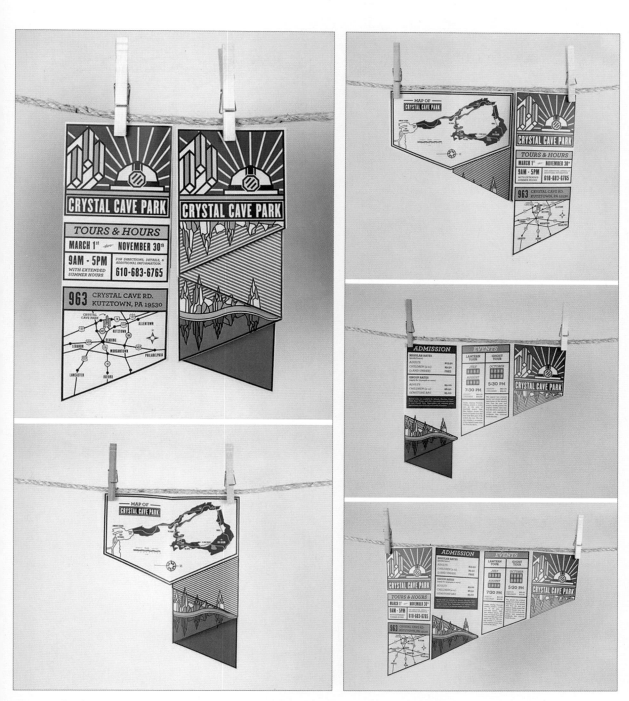

◆ 3-31 开本设计

书籍开本设计独特、新颖，富有创意的悬挂形式更加突出异形开本的特色，色调和谐，以绿色作为主体色调，在色彩饱和度上进行变化，形成了淡雅的色彩风格。

◆ 3-33 图形设计
虚实空间的有意识表现增加了书籍图形的趣味性和多种空间的延伸。

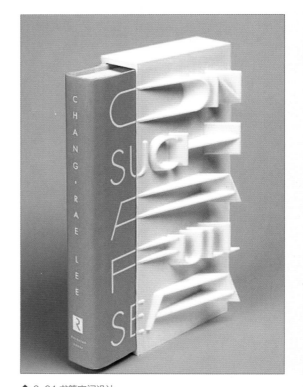

◆ 3-32 图形设计
整个设计具有完整性，画面图形符号贯穿始终，缥缈的云和淡淡的色彩搭配营造了一个安静祥和的氛围，画面主题突出，主体图形色彩对比强烈，与衬托的图形形成虚实对比。

◆ 3-34 书籍空间设计
特殊的封面处理，使原本平面化的二维空间变成了真实可感的三维空间，特殊材料增加了阅读的趣味性和整个书籍的触摸感。

设计点评

　　好的设计总是让人眼球一亮，我们在设计时，就需要对设计了如指掌，对美不能有一点瑕疵，这样才会出现完美的设计形式。书籍的体例设计是一个让人欲罢不能的有限空间的突破，好的设计师总是极尽所能的展现不同空间和体块，好的书籍也是全方位的图形、文字、色彩、材料、工艺的集合，因此，想设计出好的书籍作品，就必须全方位掌控这些设计元素，将他们放置于有限空间中，定格于流动的画面中，如图3-32至图3-35。

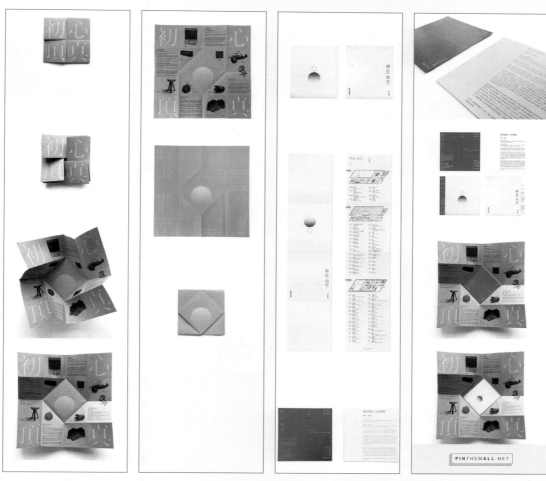

◆ 3-35 文字的应用
　　文字与书籍特殊折叠的设计增加了趣味性和设计的难度，折叠后的文字以正面版面的形式出现在读者的面前，所以在实际设计中就需要对版面有深入的了解，展开的图形还必须有整个版面的设计美感，因此此设计具有一定的工艺性和设计难度。

课后练习

版式设计的主题性训练是书籍设计中必不可少的训练，因此在设计中，我们需要进行版面的大胆划分与图形要素的裁切，只有控制好版面的流动性和统一性风格，书籍设计才是完整的和具有统一形式的，好的设计都是在整体设计中进行局部的变化与调整，如图3-36、图3-37。

◆ 3-36 版式设计
好的版式设计能够强化书籍的形式美感并有效表现书籍的精神内涵，所以在进行主题训练时，我们就要大胆地进行符号的设计和夸张表现，色彩贯穿整个书籍内页，大小、强弱和位置的变化活跃了画面并有效突出设计主题。

◆ 3-37 吴勇"新人类"丛书书籍设计主体明确，以现代插图作为版式风格，凸显现代文化特征，虚实相生的图形与文字设计在若隐若现中表达书籍内涵，整个设计都是延续这一风格，因此获得了极好的观赏性和视觉传达效果。

第4章

书籍设计的时空延展

吕敬人曾说过："图书的设计要关注图书构成的每一个环节，在秉承原著信息的基础上，将各个素材纳入整体结构中焕发出比单个符号更大的表现力，并以此构成视觉形态的连续性，诱导人们以连续流畅的视觉流动性进入阅读状态。"在这段表述中，"连续"概念的表述就是时间元素融入的体现。书籍随着阅读的翻阅过程，展示出多层次的不同的美，不但要讲究相互之间的关联性，还要注意书籍设计本身的系统性。我们都知道，书籍装帧设计不仅是从书籍文稿到成书出版的整个设计过程，也是完成从书籍形式的平面化到立体化的过程，它包含了艺术思维、构思创意和技术手法的系统设计。书籍的开本、装帧形式、封面、腰封、书脊、字体、版面、色彩、插图以及纸张材料、印刷、装订及工艺等各个要素，依次在动态空间中呈现。

4.1 五感体验

五感就是人的五种感觉器官：视觉、听觉、嗅觉、味觉、触觉，即：形、声、闻、味、触。吕敬人先生说过："让读者的视觉信息游走巡回于书籍页面之中，时而静止、时而流动；让'五感'余音缭绕于翻阅之间，时而平静、时而喧闹……感染舒展的情绪，影响阅读者的心境，传递着结缘的创造力。"设计者构建了属于读者与书籍间互动的五感体验。

4.1.1 书籍设计的视觉体验

书籍设计的视觉体验，集中体现在书籍的设计思维与视觉表现上。

一般情况下，视觉传达设计在视觉表现上要从图形、文字、色彩、版式等四个方面把握。而对于书籍设计来说，除了以上几个方面，书籍的形态、材质的选择，都是在视觉上跟读者进行对话的媒介，如图4-1至图4-4所示。

朱赢椿，是中国顶级书籍设计大师。他设计的书，六夺"中国最美的书"，两夺"世界最美的书"。在这本本《肥肉》的书中，他将整本书的外观设计成一块肥肉，从封面到封底，从书头到书根，从书口到书脊，完成了立体式的装帧设计。而在内页设计中，针对"肥肉"的制作方法进行了不同的视觉表现。

另外，书籍的形态与材质的选择要符合书籍的内容，读者群体的特点等因素。通过朱赢椿为著名美食专栏作家殳俏设计的一本《元气糖》我们不难感受到，封面采用加厚的海绵纸，利用它柔软的特征，无论是看上去或者将其捧在手中，那种温暖舒适的感觉都会油然而生。该书籍的形态结构简洁明了，书籍的四角采用倒角的形式，突出了柔软的特征。

关于材质在书籍设计中视觉体验的重要性我们再来看朱赢椿老师的另一个案例。《不哭》是一本新闻报道集，讲的是18个底层人物的故事。在出版前，作者找了8家出版社，都被拒之门外。原因是出版社的人认为书没有卖点，但朱老师却被内容深深的感动。于是，决定为18个人配18种纸，用不同的纸表现不同人的命运。为找齐18种纸，花了一年时间，待书设计出来以后，每家出版社都抢着出书。看来，一本书s光有内容是不够的，缺乏形式感的设计必定在视觉体验上会事倍功半。

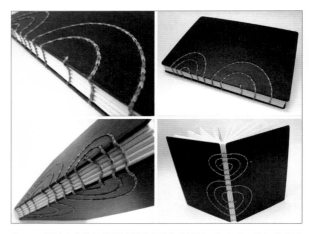

◆ 4-1 设计者将装订线巧妙的进行装饰化设计，既实现了装订的作用同时呈现了完美的装饰效果，线条贯穿封面与封底连接了前后空间，完成了时空的延展

◆ 4-2 朱赢椿《肥肉》
我们可以看到，整个设计都从图形的使用、文字的变化、色彩的创意、版式的创新等几个方面进行了构思。

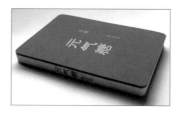

◆ 4-3 朱赢椿《元气糖》
"元气糖"几个字在设计上采用了极具"糖"的形象特征的白色圆点。整个书籍的视觉设计与其主题内容紧紧相扣，增加了读者的阅读兴趣。

 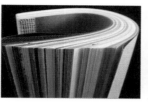  

◆ 4-4 朱赢椿《不哭》
用18种不同的纸张，表现18个人不同的命运，增强了书籍的视觉体验，同时深化了主题。

◆ 4-6 朱赢椿《匠人》
作品通过在木板上刻制，再经过版画的工序印刷出来，这是一种由视觉体验向触觉感受转化的尝试。

4.1.2　书籍设计的触觉体验

　　触觉体验是人们通过身体的触碰，对感知的事物进行判断，经由大脑中枢神经系统的反应形成某种视觉形象。在这部分，我们从触觉体验对材料的感知及印刷工艺手段对触觉体验的强化两个方面进行阐述，如图4-5、图4-6所示。

　　一方面，触觉体验对材料的感知。在上一节中我们列举了朱赢椿的《元气糖》的设计，已经阐述了材质的选择对书籍设计的视觉体验上有着非常重要的意义。那么，在触觉体验上，不同的材质如传统的化纤、丝绸、亚麻，以及现代的一些新兴材质，同样会通过触觉带给我们不同的感受。

　　另一方面，关于触觉体验，除了材质上给到我们的一种触觉的直接感受，还包括印刷工艺手段对触觉体验的强化。现代的印刷工艺丰富了书籍装帧设计的表现。折叠、凹凸、压印、烫印、激光雕刻等工艺使纸张表面形成多种效果，通过形式感的表达展现书籍生动有趣的内容信息。还有一种途径就是通过设计中的创意，产生读者与书籍之间的必然互动，在互动的过程中，强化读者的触觉体验，从而增强读者的心理感受与阅读情趣。

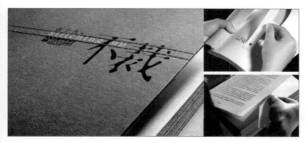

◆ 4-5 朱赢椿《不裁》受到印刷车间里未完成状态的毛边书的启发，它的创意性不仅体现在书根处对纸张的处理，对"裁"的概念进行了形象的视觉化体现，在触觉体验上更起到了强化的作用。更有趣的是书页未曾裁开，读者需一边看一边裁

　　朱赢椿之《匠人》，他将一块木头，一刀一刀地刻出"匠人"两个字，再经版画的工序印刷出来，这是一种由视觉体验向触觉感受转化的一种尝试。老子曾说："天下难事，必做于易，天下大事，必做于细。"匠人的精神，就是把每一件简单的事用心做好，就是不简单，把每一件平凡的事用心做好，就是不平凡。

4.1.3　书籍设计的嗅觉体验

　　古人读书时常在书中夹些香草，乃有书香；油墨之味，亦是书香。朱自清说过："缓缓地咀嚼一番，便会有浓密的滋味从口角流出。"这浓浓的滋味就是书味，读书之味。我们知道，这是运用了一种嗅觉隐喻的方法，表达了阅读的过程带给读者的奇思妙想。

　　随着时代的进步与发展，在油墨中或纸张里加入香料，来加强阅读时的嗅觉感知已被广泛运用。这种手段属于直接从嗅觉体验角度出发，也是书籍设计中关于嗅觉体验的比较初级的一种创意尝试。而追寻书籍的味道，更高级的方式是通过对文字、图形、色彩等视觉要素的运用让读者产生嗅觉联想，这种表达更能体现出设计者的独具匠心。人们看到某种颜色或者某些图形就会进行一定的联想，这些联想有的是关于触觉的，如粗糙还是光滑、坚硬或是柔软、冰冷抑或温暖；有的则关于嗅觉，如香臭；有的关于味觉，如酸、甜、苦、辣、涩、咸；有的关于听觉，如悠扬的、高亢的、低沉的、轻柔的……比如朱自清《荷塘月色》里的"微风过处送来缕缕清香，仿佛远处高楼上渺茫的歌声似的"。清香乃是嗅觉，歌声乃是听觉，作者将两种感觉互通，即为通感，如图4-7所示。

◆ 4-7 《精品咖啡学》
一本关于咖啡的书籍。设计师通过色彩表达了咖啡的调性，在封面的版式设计上将文字进行竖排列，充分体现了文字的流动性，结合咖啡豆，无疑呈现给读者一种动态的画面——研制咖啡过程香气四溢。

4.1.4 书籍设计的听觉体验

声音，是声波通过任何物质作为介质进行传播形成的运动。首先，书籍作为传播声音的介质而存在。用心体会一下，我们在阅读时翻书的动作就会发出声响。根据纸张的厚度、大小及材质的不同，有的声音清脆、有的声音绵柔……如图4-8至图4-11所示。

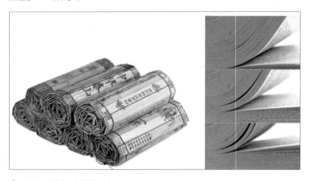

◆ 4-8 书籍的听觉体验
竹简册，翻阅时会发出"哒哒哒"的声响，好似在时刻提醒人们"学而不思则罔，思而不学则殆"。而宣纸内页的书籍在翻阅时，会发出绵软柔和、"沙沙沙"的声响，呈现出来的则是另一番"轻言细语、娟好静秀"之听觉盛宴。

值得一提的是，近年来书籍作为商品，为了不断适应市场的需求，以儿童书籍市场最为突出，以科技为手段，大量的新媒体点读书籍、电子有声书籍出现，这就意味着原有的翻书声被这种录制的、模拟的、层次丰富的声音所取代。虽然如此，带有各种感情色彩的声音体验，却丰富了儿童的想象力，增强了学习效果。

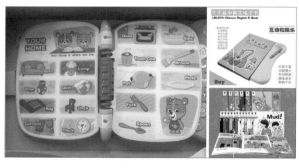

◆ 4-9 点读书、电子有声书籍

其次，视觉联想引发听觉体验。书籍设计中，从视觉要素出发，由感官刺激引发联想，往往让我们看到薄薄的半透明的纱，会联想到飘渺轻柔的音乐。

◆ 4-10《柳林之声》视觉联想引发听觉体验
作者采用叠列的方式，将叶子由近及远的排开，不仅造成了三维的空间效果，中间黑色处点缀的亮点，更让读者不觉走进这片神秘的柳林，好似能听见谁与谁正在进行着对话。

◆ 4-11《我想和这个世界谈谈》
除了题目本身是关于谈话的内容，封面被处理成斑驳的充满历史感的纯色图形，有那种小时候我们看电视时搜不到节目而出现在屏幕上，同时还伴随着某种嘶嘶声的画面感。

4.1.5 书籍设计的味觉体验

之前我们就谈道：书籍设计中的文字、图形、色彩等视觉要素的运用会让读者产生各种联想，其中就包括味觉的。关于书籍味觉体验的表达，首先，可以通过视觉要素的运用来实现，如图4-12、图4-13所示。再比如，文学作品中"你笑得很甜"，"甜"是用来形容味道的，这里却用形容味觉的词来形容视觉，反过来，我们也可以用美好的笑容来形容"甜蜜"的味道，这是一种"通感"手法的运用。

◆ 4-12《味感恋人》
作品的主题结合充满媚感的女性传达出无比性感的味道，同时，仿皮材质的运用也给人以柔软的质感，强化了"味感恋人"的主题表达。

◆ 4-13《Delicious》
通过对主题文字的形象化处理,生动有趣地表达了人们对于美味难以抵抗的状态,真是体现了那句"人世间,唯有爱与美味不可辜负"的美好感受。

其次,在现代的一些书籍设计中,根据书籍的主题加以特殊材料的运用,利用这种设计产生读者与书籍之间的某种互动,使读者通过味觉体验加强对书的理解与记忆,从而增强了阅读的乐趣与意义,如图4-14所示。这是一本"可以喝"的书,这本书的装帧设计非常巧妙:它有一个包装盒。需要过滤的时候,只需打开包装盒,将分成上下两半的包装盒叠在一起,就成了滤水的硬件装置。然后撕下一张滤纸,放入这个装置中,直接将河水、井水或者污水倒入,就完成了过滤过程。

◆ 4-14《"可以喝"的书》特丽萨·丹科维斯基
这本书设计非常巧妙,书的包装盒就是过滤器,纸张是一叠滤纸。之所以这是一本书,而不仅仅是一叠滤纸,还因为它真的印有内容,特丽萨利用一种食用级的墨水,将安全卫生饮水的知识,印刷在这些过滤纸上。这是一本可以为6亿人带来纯净用水的神奇之书。

4.2 时空转换

如果说书籍的静态美是用来观赏的,那么书籍的动态美是需要创意设计的。众所周知,书籍设计包含书籍的开本、装帧的形式、字体、版式、色彩、插图、纸张、印刷、装订等多种要素,只有实现了各要素间的协调,才能创造出优秀的作品。

时间是一种连接动静态物体的纽带,书籍在时间的流淌中,通过图文将我们带入不同的物理空间与心理空间。从某种意义上说,书籍设计师在时间和空间层面给予了书全新的面貌。阅读的连续性不但体现了时间要素的存在,更是创造空间概念的必然条件,如图4-15所示。

4.2.1 由平面到立体

书籍设计作为一种文化产品,需要充分考虑与读者之间的关系。如果说作者给予了书籍内在的灵魂,书籍设计师却为其创造了肉体。文字以书籍为载体,变为真实可触的产品,这也实现了书籍从二维向三维空间的转变。

我国传统的经折装订方式,通过一折折打开的方式给读者的阅读带来连续性,也在形态上实现了从平面到立体的转化。现代的书籍设计,则从书籍形态的角度谈空间生成的意义、从材料、工艺技术角度谈空间的视觉体验、从创意思维的角度谈空间形态的功能。

第一,从书籍形态的角度谈空间生成的意义,将视觉要素按照某种关系进行安排,使读者产生心理上的某种空间感,这种空间感在形式上增强了内容的意义,如图4-15所示。第二,从材料、工艺技术的角度谈空间的视觉体验,达到"先声夺人"或者"先入为主"的目的,如图4-16所示。第三,从创意思维的角度谈空间形态的功能,视觉要素的出现有时不按常规出场,这样既增强了书籍的创新性,又给人耳目一新的视觉体验,如图4-17所示。

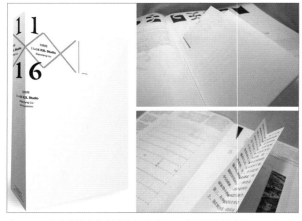

◆ 4-18 《11×16 XXL Studio》刘晓翔作品。书脊上的两条线确实是斜的，从侧面看是等腰梯形的书脊，好似建筑空间的构造。而书籍内页的设计，必须从一个空间进入另一个空间，视觉呈现的运动空间得以催生，建筑的意义才得以体现。而视知觉将书籍的前后左右联系起来，使每个页面空间不再是独立的，页面与相邻的空间相互渗透、互为影响，形成完整意义的时空艺术

◆ 4-15 《古韵钟声》刘晓翔设计作品。书是立体的建筑，天时、地气、材美、工巧，构筑了其丰满的美学架构。纸质书会越来越个性化，越来越标榜它作为物的存在感。以圆点这一视觉要素进行设计，运用其大小变化排列的方式展现钟鼓之音的强弱之色，加上经折装这种书籍形态的巧妙运用，使得古韵钟声显得格外悠扬绵长

4.2.3　由单一到多层次

书籍设计大师吕敬人曾经在一次访谈中讲道："从'装帧'到'书籍设计'不是一个名词的简单更改，而是建立在文本基础上的视觉化信息再设计的整体系统工程，所以书籍设计并不只是为书作嫁衣的工作，而是信息整合的编辑过程，是参与文本信息有趣、有益、有效传达的一个角色担当。书籍设计要求设计师一开始就与著作者、编辑等介入文本的编辑思路，即以文本为基础进行视觉化信息传达设计思考，从阅读到市场，构建令读者更乐意接纳，并得以诗意阅读的信息载体。"如图4-19所示。

◆ 4-16 《梅兰芳全传》书籍把人物形象安排在书口处，巧妙地将戏内戏外的人物形象进行了充分的展现。这种表达无疑在增强了书籍空间形态的同时，也在内容上增强了它的丰富性，一个全面的梅兰芳将从这本书中得到体现。

◆ 4-17 借助于书籍封面材质的特性，采用了镂空的工艺，使得原本平面化的图形在光线的映衬下会呈现出具有空间感的视觉体验

4.2.2　由时间到空间

书籍设计不仅是平面的、二维的，而且是立体的、三维的，不仅具有空间性，而且具有时间性，同时还兼具时空一体性特征。所以，从空间的角度来说，书籍设计是一种立体的思考行为，它类似建筑，具有立体空间形态。从时间的角度来观察，它既具有相对静止的形态，又有相对运动的形态，动静的结合构成了书籍特有的时空关系，如图4-18所示。

书籍设计是一门整体的艺术，将它割裂开理解成单独的页面设计并不能够还原一本书的整体美感，视觉的流动将它有序地连贯起来，如何营造书籍的空间氛围成为至关重要的因素。

◆ 4-19 专业的书籍设计师不仅完成书籍外在的装帧，还包括文本信息构成、文字、图版等形式格局的设计，以及对材料、印艺、形态选择，而呈现一册体现文本内涵，又具有阅读意境的全方位思考的书籍整体设计

4.2.4　由传统到现代

在德国举办的"世界最美的书"评选活动中，提出"四个评选标准"："形式与内容的统一，文字图像之间的和谐；书籍的物化之美，对质感与印制水平的高标准；原创性，鼓励想象力与个性；注重历史的积累，即体现文化传承。"这第四个评选标准无疑强调的是书籍设计要重视对传统的传承。

强调民族性和传统特色，不是简单地搬弄传统要素，而是创造性地再现它们，使之有效地转化为现代人的表现性符号。中国书籍除了版式多姿多彩外，在装订上也非常丰富，以吕敬人的《朱熹榜书千字文》为例，如图4-20所示。设计史专家、理论家王受之先生这样点评道："吕敬人在构思这一书籍的形态时，认为朱熹的大字道丽洒脱，复制既要保持原汁原味，又要创造一种令人耳目一新的形态。在内文设计中，他用文武线为框架将传统格式加以强化，注入大小粗细不同的文字符号，以及粗细截然不同的线条，上下的粗线稳定了狂散的墨迹，左右的细线与奔放的书法字形成对比，在扩张与内敛、动与静中取得平衡和谐。封面的设计则以中国书法的基本笔画点、撇、捺作为上、中、下三册书的基本符号特征，既统一格式又具个性。封函将一千字反雕在桐木板上，仿宋代印刷的木雕版。全函以皮带串连，如意木扣合，构成了造型别致的书籍形态。"

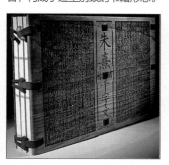

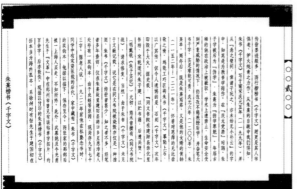

◆ 4-20 吕敬人的《朱熹榜书千字文》

教学实例

艺术永远都是源于生活并高于生活。日历作为书籍的另一种表现形式，是我们生活中常见的物品，用于记载日期等相关信息，帮助我们规划时间和日程安排。以"日历"设计为例，让我们感受设计的无限魅力与无穷乐趣。想一想，通过以下案例，如图4-21、图4-22你是否可以在书籍设计中得以借鉴？

◆ 4-21 日历设计一
对于日历的设计，我们赋予它具有特点的装饰元素，为空间添加个性色彩。特别是那些造型各异、材质特殊，融入了巧思妙想，设计独特的日历，让我们对时间不再是简单的肉眼感知，而是真实触摸到每一天，形象生动阐释时间存在性的同时也点缀了生活的空间，为生活增添了不少乐趣。

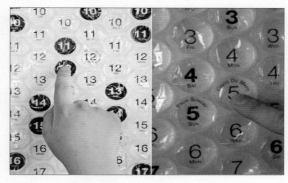

◆ 4-22 日历设计二
这款简单的黑白色年历上覆有一层泡泡包装，日历共有12列，代表12个月，每一列罗列出当月的日期数字。每个日期数字上都有一个塑料泡泡，轻轻一戳，即表示旧的一天过去了。这样自己亲手"终结"自己的时间，会不会让我们更珍惜时间，爱惜时间。

设计点评

　　书籍设计是科技、材料、工艺三者之间的相互融合。每一个环节的匠心运用与体现，都离不开设计者对书籍内容的准确把握，以主题为设计的出发点，在各个设计领域里都是王道！

　　选择恰当的装帧手法，表达书籍设计的五感体验。目的让同学们掌握视知觉是如何通过物化的书籍形态进行其他五感的相互转化的，从而使书籍设计不再流于表面，而是以强化主题内容为宗旨，让设计变得更有意义，如图4-23。

◆ 4-23《EAT ME》
　　这是一本关于美食的书籍。以生活中的"威化饼"形象为原型，将书籍整体设计成极具威化饼特点的形态，甜美的感受不言而喻。

课后练习

内容：在自然中寻找灵感。

被鸟粪砸中这种小概率事件成了朱老师创作的灵感。他将地面上晾干后的鸟粪形状描绘了下来，于是这个世上就有了第一只"便形鸟"。观察过成百上千的鸟粪后，朱赢椿老师完成了他的新作品《便形鸟》，并于2017年11月出版，如图4-24。

我们的生活节奏如此之快，以至于没有时间去欣赏一棵树，去看秋天的落叶、春天树的发芽，也很少听见虫鸣了。朱老师的书籍设计作品告诉大家，即便是大自然中的一只小虫也值得我们去关注，如图4-25。

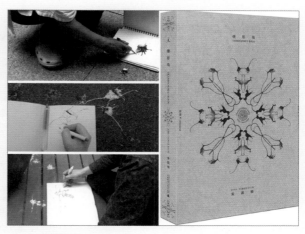

◆ 4-24 朱赢椿《便形鸟》

作品的诞生源于作者对自然事物的观察与想象。当我们把一个东西限定起来的时候，它恰恰让我们的想象更有力量。而这种限定大概就是我们在作文中常常谈到的主题思想吧？正所谓"有的放矢"方能一发即中！

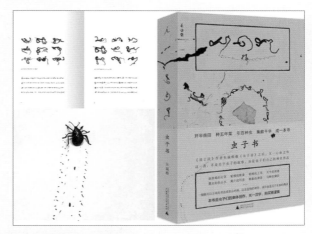

◆ 4-25 朱赢椿《虫子书》

这一作品属于实验性的创作。费时5年，用颜料和裱纸的画板，让小虫子在上面自由爬行，留下的轨迹，有着和人类不一样的艺术形式，将其整理，得此书。面对《虫子书》这样一本无法用正常人类思维看懂的书，朱赢椿解释：这恰恰激发了人们的想象力。它的表现形式可以让每一个观众和读者看到后，通过自己的思考和审美的经验去解读这本书。

第5章 书籍设计的构成元素

书籍是文化的载体，它经过了漫长的人类历史演化，将知识传播给每一位读者。书籍装帧作为外在美的形式，是影响书籍传播效应的关键因素，对于读者来说书籍外在造型通过视觉、触觉这些外在的感性形象来引发读者的兴趣。黑格尔所说："遇到一件艺术品，我们首先见到的是它所呈现给我们的东西，然后再追求他的意蕴和内容。"想要书籍达到形神兼备，我们首先要先了解书籍的基本结构。

5.1 书籍设计的基本结构

函套——外包装，保护书册的作用。

护封——装饰与保护封面。

封面——书的面子，分封面和封底。

书脊——封面和封底当中书的脊柱。

环衬——连接封面与书心的衬页。

空白页——签名页——装饰页。

资料页——与书籍有关的图形资料，文字资料。

扉页——书名页——正文从此开始。

前言——包括序、编者的话、出版说明。

后语——跋、编后记。

目录页——具有索引功能，大多指安排在前言之后正文之前的篇、章、节的标题和页码等文字。

版权页——包括书名、出版单位、编著者、开本、印刷数量、价格等有关版权的页面。

书心——包括环衬、扉页、内页、插图页、目录页、版权页等，如图5-1所示。

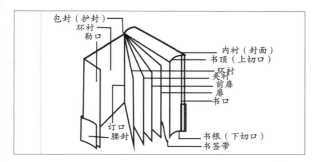

◆ 图5-1 书籍的基本结构

5.1.1 开本

开本，就是一本书的大小，只有先确定书籍的尺寸，才能根据设计创意对版心、插图、版式等做整体的设计，因此，新颖的开本设计必然会给读者带来强烈的视觉冲击。开本按照切割方式可以分为规范开本和异形开本两大类，规范开本是指在全开纸的基础上按照一定的比例进行切割，无余料。异形开本是指设计者根据书籍的内容设计的特殊尺寸，切割之后会有余料。

通常我们把一张按照国家标准分切好的原纸称为全开纸。一般有两种，787mm×1092mm正度全开纸和889mm×1194mm大度全开纸。把正度纸张开成16张幅面相等的小页，称为16开，切成32张，称为32开，以此类推，如图5-2所示。

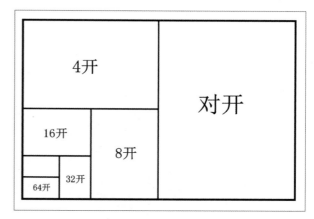

◆ 5-2 纸张开本示意图

常见开本的类型和规格：（1）大型本：12开以上的开本。适用于图表较多，篇幅较大的厚部头著作或期刊印刷。（2）中型本：16开至32开的所有开本。此属一般开本，适用范围较广，各类书籍印刷均可应用。（3）小型本：适用于手册、工具书、通俗读物或短篇文献，如46开、60开、50开、44开、40开等。我们平时所见的图书均为16开以下的，因为只有不超过16开的书才能方便读者的阅读。在实际工作中，由于各印刷厂的技术条件不同，常有略大、略小的现象。在实践中，同一种开本，由于纸张和印刷装订条件的不同，会设计成不同的形状，如方长开本、正偏开本、横竖开本等。同样的开本，因纸张的不同形成不同的形状，有的偏长、有的呈方。不同类型的图书与开本：（1）马列著作等政治理论类图书严肃端庄，篇幅较多，一般都放在桌子上阅读，开本较大，常用大32开。（2）高等学校教材一般采用大开本，过去多用16开，显得太大了，现在多改为大32开。（3）文学书籍常为方便读者而使用32开。诗集、散文集开本更小，如42开、36开等。（4）工具书中的百科全书、辞海等厚重渊博，一般用大开本，如16开。小字典、手册之类可用较小开本，如64开。（5）印刷画册的排印要将大小横竖不同的作品安排得当，又要充分利用纸张，故常用近似正方形的开本，如6开、12开、20开、24开等，如果是中国画，还要考虑其独特的狭长幅面而采用长方形开本。（6）篇幅多的图书开本较大，否则页数太多，不易装订。

函套即封套、书套。一种传统的书籍护装物。它是用厚板纸作里层，外面用布或锦等织物装裱而成的盒式外套。书册装入其内，以牙签或竹签作为封装的系物。函套有四合套和六合套两种。裹绕全书四面而露出书顶和书根者为四合套；将全书六面全部包裹起来的函套叫六合套。六合套多用于比较考究的书籍，便于久藏，有时在开函的部分挖成云头形或环形，非常美观。现代出版的珍贵画册和特装本还常常采用六合套的形式作为书盒。一种是四面包裹，露出书的上下口，称半包式；另一种是将书的六面全部包裹，称全包式。除厚纸布面函套外，还有夹板和木匣两种外包装，夹板式是用两片与书同大小的木板，夹于书的上下，再用布带捆牢。木匣则是按一部书的大小，制成木匣，将书装入，如图5-3所示。

◆ 5-3 函套

5.1.2　护封

书籍封面外的包封纸。印有书名、作者、出版社名和装饰图画，作用有两个：一是保护书籍不易被损坏；二是可以装饰书籍，以提高其档次，如图5-4所示。

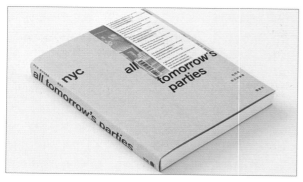

◆ 5-4 护封

5.1.3　内封

内封又称扉页，里封面，副封面。指封面或衬页后的一页。上面所载文字与封面类似，但比封面要详尽些。内封有时印成彩色或加装饰图案，有保护书页和装饰作用。内封是护封的封皮被打开之后展示的内容，如图 5-5所示。因而设计上它不需要对书籍进行再次的推销、宣传。相反需要着力呈现书籍作为文化产品的文化特征，引发读者对书籍内容与精神的共鸣，因而在设计的文化艺术色彩上内封为呈现庄重的艺术气氛，多使用统一色调，少量的图形为空白版式语言服务，要求甚高。内封材料多使用表面涂塑纸、丝绸、亚麻布的纸张或特种纸，并使用凹凸、烫金银等工艺，整体统一、庄重典雅，装饰纹样精美但不浮华。

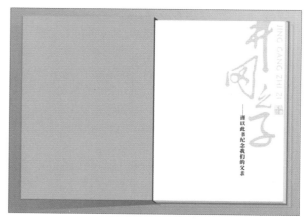

◆ 5-5 内封

5.1.4　环衬连接封面与书心的衬页

环衬是"连环衬页"的简称。衬页的一种形式，指一张较厚的纸对折成双页的衬页，可以和内封连环在一起。它是精装书和索线平装书必不可少的部分。它的主要作用有两个：一是保护书心不易脏损；二是可以与书封壳牢固连接。一般较厚的平装本使用者也日益增多。连环衬的一面裱贴在封里、封底之上，既可以节省纸张，又可以使封面、封底与书芯紧密相连，使其平整，不起皱折。环衬过去一般不印任何文字图案（称素环衬）；现在大都印以绘画、图案、题字、书名（称花环衬），借以增强全书的艺术性，强化主题与中心思想。如图5-6所示，《隧道》这本书的环衬设计就很有艺术性。

《隧道》（The Tunnel，1989）安东尼·布朗前环衬上没有足球。后环衬上不但多出来一个足球，那本童话书也从花卉图案的墙纸那边移到了红砖墙这边。《隧道》是英国超现实主义图画书大师安东尼·布朗最饱受争议的代表作之一。它的前后环衬画面的背景是相同的——左边是花卉图案的墙纸，右边是红色的砖墙，分别象征了女孩与男孩。问题是，前环衬花卉图案墙纸下丢着一本童话书，而在后环衬，这本童话书跑到了红砖墙的下边，与一个足球靠到了一起。

偶尔，画家还会在环衬上与孩子们开一个小小的玩笑，考考孩子的眼力。弗吉利亚·李·伯顿是美国图画书最伟大的先行者之一。如图5-7所示，她在传世名篇《小房子》的环衬上，就埋伏了一个小人——小房子伫立在山丘上，它面前不断掠过的是象征时代变迁的交通工具。先是骑马的人，然后是马车、独轮车、自行车、汽车、有轨电车……注意看，第二行最右边有一辆汽车停在了那里，一个人挥着帽子正在那里跺脚大叫呢！

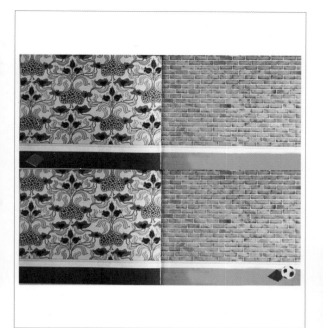

◆ 5-6《隧道》环衬

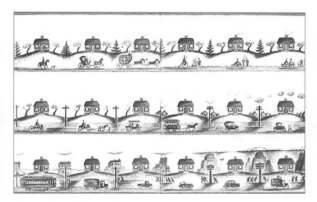

◆ 5-7《小房子》环衬

5.1.5 书脊

是指书刊封面、封底连接的部分，相当于书芯厚度。在印刷后加工，为了制成书刊的内芯，按正确的顺序配页、折页，组成书帖后形成平的书脊边。经闯齐、上胶或铁丝订，再加封面，形成书脊，也称为spine，骑马订的杂志没有书脊，书刊在书脊上印有书名、期号和其他信息。

有人说，封面是书籍的第一张脸，而书脊则是书籍的第二张脸。不论是从功能的角度，还是从艺术视觉的角度，都应该强调对书脊与封面一样重视。进行书脊设计关键就是一个理解和思考的问题，只要理解以下几个关键问题，并逐一解决，就可以达到书脊设计的要求。目前，图书市场正在逐

步开放，出版、发行和营销形式均发生了很大变化，特别是在与读者直接接触的最后一个环节——书店，具体销售规模和展示方式等都明显与以往不同了。现在，虽然大大小小的书店都在努力扩大展示空间，但是仍然赶不上书籍出版品种和数量的增长。因此也致使书籍的出版和发行竞争激烈，书籍能够在书店上架，已经不是很容易的事情。尤其是那些相同题材、书名、品质的书籍越来越多，展示的竞争已不言而喻了。书店很无奈地将许多书籍插在书架上，只给了书脊露面的机会，因此，书脊的设计至关重要，系列书脊设计是比较常见的一种方法，如图5-8所示，《罗马帝国衰亡史》利用罗马建筑慢慢损毁的过程来设计书脊，既有创意，又能确切表达书籍内容，是非常优秀的书脊设计案例。

◆ 5-8《罗马帝国衰亡史》书脊设计

◆ 5-9《我们长大了》扉页

5.1.6 扉页

扉页设计除文字部分之外，可适当加上装饰纹样和有关插图、题花，如图5-9所示，也可区别于正文用纸，或作简单套色印刷，避免与封面产生重叠感。利用扉页前的空白页印上作者画像，叫"像页"。

5.1.7 目录

具有索引功能，大多指安排在前言之后正文之前的篇、章、节的标题和页码等文字。目录在进行设计时，首先要考虑排版，排版的方式应与书籍内容、类型等相协调，如图5-10、5-11所示。其次要考虑的是字体和字号。字体的选择应与书籍大致的风格相符，字号应考虑全页面的排版构成。无论采用什么版式和字体，都应该遵循目录的本身实用功能，即清晰、快读的导读作用。

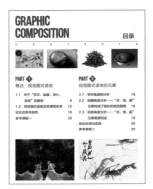

◆ 5-10艺术类图书目录

◆ 5-11艺术图书目录

5.1.8 正文

正文是一本书的核心部分，当书籍内容确定之后，正文的版式设计就是书籍装帧的重点，设计时应掌握以下几个要点，如图5-12、图5-13所示：（1）正文字体的类别、大小、字距和行距的关系。（2）字体、字号符合不同年龄人们的要求。（3）在文字版面的四周适当留有空白，使读者阅读时感到舒适美观。（4）正文的印刷色彩和纸张的颜色要符合阅读功能的需要。（5）正文中插图的位置以及和正文、版面的关系要恰当。（6）彩色插图和正文的穿插要符合内容的需要和增加读者的阅读兴趣。

◆ 5-12 版式设计

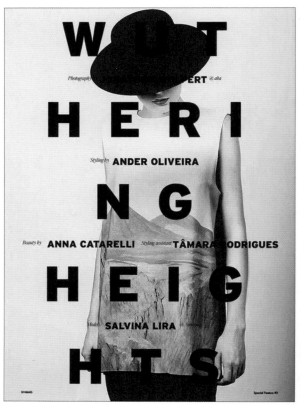

◆ 5-13 版式设计

5.1.9　插图

插图设计是活跃书籍内容的一个重要因素。有了它，更能发挥读者的想象力和对内容的理解力，并获得一种艺术的享受。尤其是少儿读物更是如此，因为少儿的大脑发育不够健全，对事物缺少理性认识，只有插图设计才能帮助他们理解，才会激起他们阅读的兴趣，如图5-14、图5-15所示。至2013年，书籍里的插图设计主要是美术设计师的创作稿、摄影和电脑设计等几种。摄影插图很逼真，无疑是很受欢迎，但印刷成本高，而且有的插图受条件限制而通过摄影难以达到，如科幻作品，这时必须靠美术设计师创作或电脑设计。在某些方面手绘作品更具有艺术性，或者是摄影力所不及的。

◆ 5-14《特别的猫》插图设计

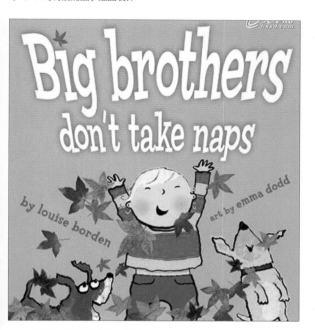

◆ 5-15《大哥不打盹》插图设计

5.2　封面——书籍的门面

封面对一本书来说至关重要，是读者对一本书的第一印象，封面的作用一方面能够体现书籍本身的内容和性质，另一方面可以激发读者翻阅及购买。今天的封面设计，越来越多地注重广告冲击特性，强调在众多的书籍封面中能够脱颖而出，而淡化书籍内容赋予的应有的面貌，以求得广告带来的更多的市场销售份额。事实上，我们并不推崇这样的设计方法，好的设计应该在力求传达书籍内容精神性的基础上，去扩展书籍封面的广告作用。如图5-16所示，《云南的那些事》画面简洁舒适，图案采用地方图案进行装饰设计，力求做到对书籍内容的客观传达。如图5-17所示，《哪一年》属于小说类书籍，因此画面清新淡雅，准确地体现了书籍的内容性质。

◆ 5-16《云南的那些事》封面设计

◆ 5-17《哪一年》封面设计

5.2.1　封面的整体构思

　　封面设计注重的是封面与读者的内心交融关系。我们首先应该先从了解书籍内容开始，根据书籍内容确定封面的设计风格。其次确定书籍封面设计中的设计元素：色调、图形、文字和构图。在封面的设计元素中，色调起到了至关重要的作用，色调的确定要根据书籍内容与设计风格来确定，合理的色调设计可以诠释和体现书籍的内容和性质，图形的设计在书籍封面中起到锦上添花的作用，在对书籍内容信息传达上效果最佳。但对于书籍封面的整体设计和构思一定注意要把各种设计元素合理统一设计，因此，构图就显得尤为重要，合理的构图设计会使其他各设计元素组合在一起如行云流水般的舒适自然，在正确传达书籍信息的基础上给人视觉上的愉悦感和美的心理享受。《法布尔的昆虫记》，如图5-18所示，首先因阅读人群主要是学生，因此在色调上选用了舒适的蓝绿色调，色彩华丽却不失庄重，体现了深厚的文化内涵。其次图形的选择，用了具有代表性的昆虫，象征知识的大树以及树下正在读书的孩子，很确切地传达了该书的主要内容，文字运用了孩子们比较喜欢的自然笔体，增强了读者的亲切感。再次，在构图上采用了中心式的构图，书名及重要文字部分占据了画面的中心位置，这种构图十分符合中小学生的喜好。

5.2.2　封面的创意表现

　　如今，在电子书盛行的时代，印刷书籍市场压力也很大，因此，书籍的封面就担负了极其重要的责任。设计师也将很多的新奇创意融入书籍的封面设计。无论是封面的材料还是封面的打开形式都出现了很多新的创意表现方法。如图5-19所示，那不是一副手套，那是一本手套形状的书。另外，书籍的封面也可以借助材料做浮雕式的装饰。如图5-20所示，封面用手工布艺装饰封面，如图5-21所示，封面用纤维材料做装饰。如图5-22所示，封面用丝带来体现书籍的内容和性质。如图5-23所示，封面采用两层图案模拟手撕纹理效果的设计。在封面的创意表现当中还有很多的设计手法等待我们去尝试，作为设计专业的我们，应该从书籍内容出发，设计出更多更新颖的封面创意设计。

◆ 5-18《法布尔的昆虫记》封面设计

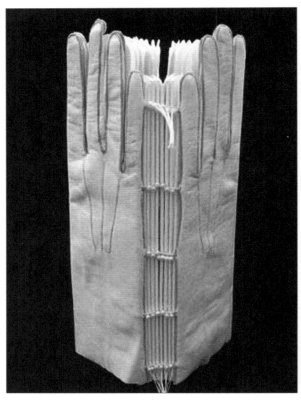

◆ 5-19 手套封面书籍

◆ 5-20 手工封面书籍

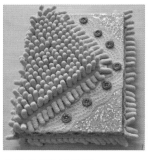

◆ 5-21 纤维材料封面

◆ 5-22 丝带装饰封面

◆ 5-23 手撕效果封面

5.2.3 封面的延展

封面对一本书起着至关重要的作用，构思是书籍封面设计的第一步，也是最重要的一步。中国画论主张"意在笔先，"所谓"意"就是构思，构思是艺术造型的灵魂，书籍封面设计也不例外。设计思维内容的书籍，封面的图案根据书籍的主要内容做了图形设计，传达信息明晰准确，如图5-24所示，《A+D》封面有规律的切割了"+"的符号，以体现书脊的名称。

身边一些书籍封面，简单地把内容或书名进行图解和翻译，不仅平淡无奇，有时甚至是歪曲了内容。还有的书籍封面，虽然形式感很强，甚至是遵循了艺术规律的，却没有什么思想性，也许能使人喜欢一时，但很快就淡忘。但是，我们也

见到一些优秀的立意深邃的书籍封面，令人爱不释手，反复吟味。造成这种差别的原因，主要取决于构思的好坏。

关于书籍封面的构思我们可以参照以下几点：

1. 提炼书籍核心思想。由于书籍封面能反映书籍的内容，只是其中的一点、一面或一个角度，无法也没有必要反映内容的全部，因此要抓住内容的本质和典型，参考生活素材和资料，进行概括和提炼，然后展开想象的翅膀。这时，有许多意念充满脑际。有的一闪而过，有的若隐若现，渐渐出现各种方案。有的偶然得之，即所谓灵感。在这一基础上，应该多画草稿，在较多的构思稿中，经过一番筛选和对比，补充和完善后，选择一个最理想的方案。这个方案，也许就可获得成功，也许还要部分或全部推倒，进一步产生更好的方案。很明显，构思活动是对事物的认识不断提高的过程。构思的好坏和成败，是建立在设计者日积月累的思想情操、文化和艺术修养的基础之上的。如图5-25所示，书籍《我长大以后》根据书籍的名称和内容，设计出画面的图案，举着笔的宝宝为基础图形做的设计，颜色运用孩子们比较喜欢的纯色。

◆ 5-24《A+D》封面

◆ 5-25 书籍
《我长大以
后》封面

2. 分类构思。不同类别的书籍有着不同的特点，文学书籍是用文字描绘形象，政治书籍是逻辑思维，科学技术书籍或有形象、或无形象，如果仅仅用现有的形象，不足以反映内容的本质。因此，设计者，要善于把不易为读者理解的逻辑思维转化为简炼生动的形象表达。如图5-26所示，《米饭情书》封面属于文学类书籍，封面的设计采用很温暖的淡粉

色，自由的字体搭配直观地表达了书籍的内容。

　　3.巧妙表达。在构思活动中，运用联想、比喻、象征、拟人、移情、抽象、夸张、创造意境和气氛等方法，能使构思巧妙和具有深度，引发设计者和读者之间的感情交流、共振和延伸，共同完成完整的审美过程。高明的设计家追求"言有尽而意无穷"的境界。使读者的审美欣赏不仅在书籍封面的有限形象上，而是继续向深度、广度延伸，从而使设计者创造的终点，成为读者进行再创造的起点。如图5-27所示，《不能不去爱的两件事》封面的设计运用一颗有意境的树搭配书名，进行黑白点式排列，让读者产生联想，引发读者的共鸣。

◆ 5-26《米饭情书》封面

◆ 5-27《不能不去爱的两件事》封面

◆ 5-28 版式设计

5.3 版式——书籍的内核

　　版式编排设计是在有限的版面空间里，将文字、图形、标志、线条和颜色等版面的构成因素，根据特定的内容需要进行排列和组合，通过文字的数量、面积、方向、位置等因素产生新的版式编排变化，并运用造型要素及形式原理，把构思与计划以视觉形式表达出来，寻求艺术手段来正确地表现版面信息，是一种直觉性、创造性的活动。

5.3.1 版式的构成要素

　　在书籍的版式设计中，较直观的构成要素是图片和文字。

　　在我们的视觉空间中，图片的大小、位置和色调会影响我们阅读的感受。大小不等、多样的字体看似复杂，其实有章可循，版式设计中巧妙地留白，是为了更好地衬托主题、集中视线和拓展版面的视觉空间层次，设计者在处理版面时，利用各种方式引导读者的视线，并恰当地给读者留出视觉休息和自由想象的空间，使其在视觉上张弛有度。字体笔画之间巧妙地留有空白，有利于烘托画面的主题、集中读者视线，使版面布局清晰，疏密有致，如图5-28所示。

　　书籍装帧中的文字有三重意义，一是书写在表面的文字形态，一是语言学意义上的文字，还有一个就是激发人们艺术想象力的文字，而对于设计师来说，第三重意义是最重要的。我们发掘不同字体之间的内在联系，可以以画面中使用的不同字体为基点，从字体的形态结构、字号大小、色彩层次、空间关系等方面入手。文字个体形态设计中，所谓的"形"指字体所呈现出来的外形与结构。为使文字的版式设计与书籍风格特征保持统一，选择何种字体以及哪几种字体，要多作比较与尝试，运用精心处理的文字字体，可以制作出富有较强表现力的版面。创造就是集中、挖掘、摩擦然后脱离。文字的版式设计更多注重的是文字的传达性，除我们所关注的文字本身的一种寓意外，其本身的结构特征可成为版式的素材。因而要特别关注文字的大小、曲直、粗细、笔画的组合关系，认真推敲它的字形结构，寻找字体间的内在联系。

在书籍装帧中，字体首先作为造型元素而出现，在运用中不同字体造型具有不同的独立品格，给人不同的视觉感受和比较直接的视觉诉求力。汉字字体的设计，从汉字出现就一刻未停地进行着。这种设计是汉字创造过程的一部分，是用符号形式表现思维中已经形成的文字方案的设计行为。从现代人的眼光看来，那是一种不自觉地对字体造型的设计，不是怎样将现有的文字写得更好看，而是建立一种不同于含混的图案符号能够更准确地传递信息，记录思维的符号形式，如图5-29所示。

◆ 5-29 版式设计

另外，版式构成要素从宏观来看，主要分为形、色彩、空间、动势和节奏。我们这里所指的"形"，就是在视觉上形成一定辨识度的形态，他在画面上可以有大小、色彩、肌理和外形的变化。形是一切视觉要素的基础，点、线、面都是一种形。点是最基本的形。在编排设计中，点是相对而言的，而且必须是指可视的形。它既可以是一个形态，也可以是一块色彩，甚至是一张小小的图像。需要指出的是，文字也可以是一个点。从本质上来说，线是点的发展和延伸。线是有性格的形，它有形状、色彩、肌理等多种变化。比如，钢笔画出的线和毛笔画出的线具有完全不同的性格，硬边的线和柔边的线也给人截然不同的视觉感受。同时，线还可以表达出静止和动感，具有长短、粗细、深浅、正负等变化。文字构成的线，往往占据着画面的主要位置，成为设计者要处理的主要对象。线也可以构成各种装饰要素，以及各种形态的外轮廓。它们起着界定、分割画面各种形象的作用。线既可以有形，也可以无形。如图5-30所示，编排设计中的轴线、骨骼线等。它们以一种"无形"的方式达到组合、整理各种图像、文字的作用。线还可以生长、延伸、分割画面。面是线的发展和延续。如果单单从平面设计来讲，面即是形。面是各种基本形态中最富于变化的视觉要素。如果有空间大小等条件的限定，面也可以转化为点和线。面的表现也包括了各种色彩、肌理等方面的变化，同时，面的形状和边缘对其本身的特质也存在很大的影响。特别地，在编排设计中，一个将被设计的画面本身也是一个面。

色彩有色相、纯度、明度等方面的基本性质。色相是指色彩的相貌，是区别色彩种类的名称；纯度是指色彩的纯净程度，也可以说是色彩的艳度、浓度或饱和度；明度是指色彩的明暗程度，也可称之为色彩的亮度或者深浅程度。在色相间的各种关系中，冷色和暖色两个组群的关系是最为主要的关系之一，色彩的冷暖常常是画面的主要表现要素；对于纯度，高纯度与低纯度的色彩可以给画面完全不同的视觉表现，运用不同纯度的色彩，则是调节画面色彩关系的重要手段；如图5-31所示，在编排设计中，我们常常用高调、中调和低调来概括各种色彩明度的分类。

空间是配置要素的手段之一，无论用什么样的编排方法。我们要清楚的是，在一个设计平面中，空间的不同部分对观察者的视觉吸引力是不同的。例如，在左上方三分之一的位置，最容易引起注意，因而常常作为阅读的起点，所以我们往往把画面最重要的信息放在这里。而空间的右下部，会给人以稳定、停滞的感受，所以在设计时我们往往会将各种次要的、具名性的信息如企业名称、创建年月等放在这里，如图5-32所示。

编排设计中的动势主要分为三种：流动力、张力和重力。流动力是指画面自身造型向一定方向伸展流动所产生的视觉力量；张力是形体向空间发散、扩散的视觉力量；重力是由于形体肌理色彩的不同产生的轻重、前后的视觉力量。心理的联想、视觉的冲击力都可以造成动势，观看者的视觉流程是一种流动的过程，从而形成一种有节奏变化的动势组合。如图5-33所示，节奏实际上就是视觉流程轻重缓急的展开表现，是随着主观视觉对画面各种要素观察、读解的流程中，对各种要素相互间关系的一种把握。

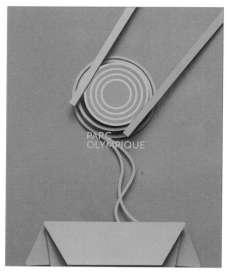

◆ 5-30 形的表现

◆ 5-31 色彩的表现

◆ 5-32 空间的表达

◆ 5-33 动势与节奏的表达

5.3.2　版式的视觉流程

在视觉心理学家的研究中发现：一条垂直线在页面上，会引导视线作上下的视觉流动；水平线会引导视线向左右的视觉流动；斜线比垂直线、水平线有更强的视觉诉求力；矩形的视线流动是向四方发射的；圆形的视线流动是辐射状的；三角形则随着顶角之方向使视线产生流动；各种图形从大到小渐层排列时，视线会强烈地按照排列方向流动。经验丰富的设计者都对此非常重视，他们都善于运用这条主线，设计易于浏览的页面，从某个角度来讲，视觉流程设计的结果就是版式。

视觉流程主要包括以下几种类型：

单向视觉流程（线型视觉流程），曲线视觉流程、重心视觉流程（焦点视觉流程），反复视觉流程，导向视觉流程，散点视觉流程，线型视觉流程，分为直线视觉流程和曲线视觉流程两类。

（1）直线视觉流程

使页面的流动线更为简明，直接地诉求主题内容，有简洁而强烈的视觉效果。直线视觉流程表现为三种形式：竖向视觉流程，如图5-34所示：给人坚定、直观的感觉。横向视觉流程，如图5-35所示：有稳定、恬静之感。斜向线的版面设计流程，如图5-36所示，以不稳定的动态引起注意，不仅能有效地烘托主题诉求点，且视觉流向独特，往往更能吸引人的视线。

◆ 5-34 竖向视觉流程

◆ 5-35 横向视觉流程

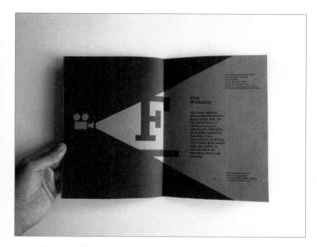

◆ 5-36 斜向视觉流程

（2）曲线视觉流程

　　曲线视觉流程，是由视觉要素随弧线或回旋线运动而形成的。它不如直线视觉流程直接简明，但更具流畅的美感。曲线视觉流程的形势微妙而复杂，可概括为两种形式：弧线形（c形）视觉流程：有扩张感和方向感，如图5-37所示。回旋形（s形）视觉流程：两个相反的弧线产生矛盾回旋，在平面中增加深度和动感，如图5-38所示。

◆ 5-39 向心式
视觉流程

◆ 5-37 弧形视觉流程　　　　◆ 5-38 回旋形视觉流程

（3）重心视觉流程

　　违背视觉流程的规律，文字与图形把版面的重心引向上方或下方、异常出位。但从整体布局来看，具有一种与众不同、标新立异的独特魅力。主要有向心和离心两种视觉流程。向心的视觉流程有版面向中心聚拢的视觉效果，离心则相反，如图5-39、图5-40所示。

◆ 5-40 离心式视觉流程

（4）反复视觉流程

　　以相同或相似的序列反复排列，形成画面形象的连续性，给人以安定感、整齐感、秩序化和规律的统一感，如图5-41所示。

（5）特异视觉流程

　　是构成要素在秩序的关系里，有意违反秩序。使少数、个别的要素显得突出，以打破规律性。由于这种局部的，少量的突变，突破了常规的单调性与雷同性，成为版面的趣味中心，产生醒目、生动感人的视觉效果，如图5-42所示。

（6）散点视觉流程

是指分散处理视觉元素的编排方式。它强调感性、自由性、随机性、偶合性。其视觉流程为：视线随各视觉元素作或上或下或左或右的自由移动。这种视觉流程不如其他视觉流程严谨、快捷、明朗，但生动有趣，给人一种轻松随意和慢节奏的感受，如图5-43所示。

（7）导向视觉流程

是通过诱导性视觉元素，主动引导读者视线向一定方向作顺序运动，按照由主及次的顺序，把页面各构成要素依次串联起来，形成一个有机整体。导向视觉流程的应用也很多见，可以使网页重点突出、条理清晰，发挥最大的信息传达功能。视觉导向元素有多种，有虚有实，表现多样，如图5-44所示。

5.3.3 版式的编排类型

（1）书刊正文的排版基本上可以分为以下几类：

①横排和直排，横排的字序是自左而右，行序是自上而下；直排的字序是自上而下，行序是自右而左，如图5-45、图5-46所示。② 密排和疏排，密排是字与字之间没有空隙的排法，一般书刊正文多采用密排；疏排是字与字之间留有一些空隙的排法，大多用于低年级教科书及通俗读物，排版时应放大行距。③通栏排和分栏排，通栏就是以版心的整个宽度为每一行的长度，这是书籍的通常排版的方法。有些书刊，特别是期刊和开本较大的书籍及工具书，版心宽度较大，为了缩短过长的字行，正文往往分栏排，有的分为两栏（双栏），有的三栏，甚至多栏，如图5-47、图5-48所示。

◆ 5-41 反复视觉流程

◆ 5-42 特异视觉流程

◆ 5-43 散点式视觉流程

◆ 5-44 导向式视觉流程

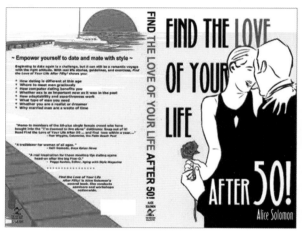

◆ 5-45 横排文字排列

◆ 5-46 竖排文字排列

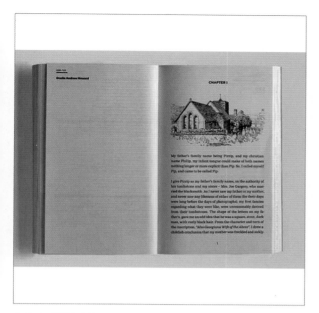

◆ 5-47 通栏文字排列

◆ 5-48 分栏竖排文字排列

（2）正文排版必须以版式为标准，正文的排版要求如下：

①每段首行必须空两格，特殊的版式做特殊处理；

②每行之首不能是句号、分号、逗号、顿号、冒号、感叹号以及引号、括号、书名号等的后半个；

③非成段落的行末必须与版口平齐，行末不能排引号、括号、书名号等的前半个；

④双栏排的版面，如有通栏的图、表或公式时，则应以图、表或公式为界，其上方的左右两栏的文字应排齐，其下方的文字再从左栏到右栏接续排。在章、节或每篇文章结束时，左右两栏应平行。行数成奇数时，则右栏可比左栏少排一行字。

⑤在转行时，数字、破折号等不能分拆。

（3）正文排版应注意的问题：

在正文排版中应严格遵循忠实于原稿的原则。对于一些未经过编辑加工或编辑加工较粗的稿子中出现的一些明显的

上下文不统一的特殊情况就可以随手将其统一。例如："在××事件中，直接参与者占34%，得占百分之十……"这句话中出现的"34%"和"百分之十"的写法上的不统一。在科技文章中，应将其统一为阿拉伯字。对大而简单的数可以采用两者结合的形式，也可采用指数形式。由于原稿一般为手写稿，因此某些符号难以分辨，例如：中文中的顿号、句号、小数点常常随手点上一个含糊不清的黑点。这时就要求排版人员按照排版的规范来区分，如图5-49所示。

在科技书籍中，汉字之后句号一般用圆圈（。），但有些书籍（如数学方面的）因圈点容易与下角标数码"0"或英文小写字母"o"相混，为了有所分辨，常采用黑点作外文、数字及数学式的句号。中文序码后习惯用顿号（如"五、"）。阿拉伯数码后习惯用黑脚点（如"5."），不要用顿点（"5、"）。外国人名译名的间隔号处于中文后时用中圆点，如：弗·阿·左尔格；处于外文后时应用下脚点，如：弗·A.左尔格。当然，在全是外文的外国人名中自然要按照国际习惯用下脚点：F.A.Sorge。省略号在中文中用六个黑点"……"，在外文和公式中用三个黑点"…"来表示。文字或数字、符号之间的短线，应根据原稿的标注来确定短线的长短。在没有标注的情况下，范围号用"一字线"，例如54%-94%，但也可用"～"。破折号用"两字线"，例如插语"机组——发电机和电动机"。连结号用"半字线"。

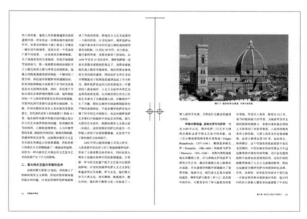

◆ 5-49 文字排列

（4）目录的排版要求：

目录的繁简随正文而定，但也有正文章节较多，而目录较简单的情况。对于插图或表格较多的书籍，也可加排插图目录或表格目录。目录字体，一般采用书宋，偶尔插入黑体。字号大小，一般为五号、小五号、六号，如图5-50所示。

目录版式应注意以下事项：①目录中一级标题顶格排（回行及标明缩格的例外）；②目录常为通栏排，特殊的用双栏排；③除期刊外目录题上不冠书名；④篇、章、节名与页码之间（单篇论文集或期刊为篇

名与作者名之间）加连点。如遇回行，行末留空三格（学报留空六格），行首应比上行文字退一格或二格；⑤ 目录中章节与页码或与作者名之间至少要有两个连点，否则应另起一行排。⑥非正文部分页码可用罗马数码，而正文部分一般均用阿拉伯数码。章、节、目如用不同大小字号排时，页码亦用不同大小字号排。

（5）页码、书眉的排版要求：

①页码，书页中的奇数页码叫单页码，偶数页码叫双页码。单双页在版式处理上的关系很大，详见后续有关章节。通常页码在版口居中或排在切口，一般在书页的下方，单页码放在靠版口的右边，双页码放在靠版口的左边。期刊的页码可放在书页上方靠版口的左右两边。辞典之类书籍的页码，可居中排在版口的上方或下方。封面、扉页和版权页等不排页码，也不占页码。篇章页、超版口的整版图或表、整面的图版说明及每章末的空白页也不排页码，但以暗码计算页码；

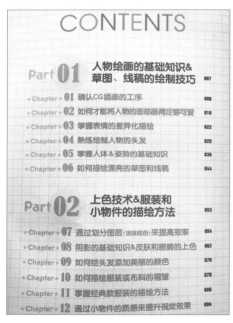

◆ 5-50 书籍目录设计

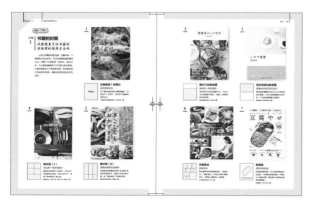

◆ 5-51 书眉和页码设计

②暗码篇章页、整面的超版口（未超开本的）的图、表及章末的空白页等都用暗码计算页码。空白页的页码也叫"空码"。校对时暗码（包括空码）必须标明页码顺序；

③书眉 横排页的书眉一般位于书页上方，如图5-51所示。单码页上的书眉排书名、双码页排章名或书名。校对中双单码有变动时，书眉亦应作相应的变动。未超过版口的插图、插表应排书眉，超过版口（不论横超、直超），则一律不排书眉。

（6）标点排版规则目前，标点符号大约有以下几种排法：

①全角式（又称全身式），在全篇文章中除了两个符号连在一起时，前一符号用对开外，所有符号都用全角。②开明式，凡表示一句结束的符号（如句号、问号、叹号、冒号等）用全角外，其他标点符号全部用对开。目前大多出版物用此法。③行末对开式，这种排法要求凡排在行末的标点符号都用对开，以保证行末版口都在一条直线上。④全部对开式，全部标点符号（破折号、省略号除外）都用对开版。这种排版多用于工具书。⑤竖排式，在竖排中标点一般为全身，排在字的中心或右上角。⑥自由式，一些标点符号不遵循排版禁则，一般在国外比较普遍。标点符号的排法，在某种程度上体现了一种排版物的版面风格，因此，排版时应仔细了解出版单位的工艺要求。目前标点符号排版规则主要有：①行首禁则（又称防止顶头点），在行首不允许出现句号、逗号、顿号、叹号、问号、冒号、后括号、后引号、后书名号。②行末禁则，在行末不允许出现前引号、前括号、前书名号。③破折号"——"和省略号"……"不能从中间分开排在行首和行末。

一般采用伸排法和缩排法来解决标点符号的排版禁则。伸排法是将一行中的标点符号加开些，伸出一个字排在下行的行首，避免行首出现禁排的标点符号；缩排法是将全角标点符号换成对开的，缩进一行位置，将行首禁排的标点符号排在上行行末。

5.3.4 版式的空间拓展

版式的空间表达主要取决于排版，而视觉流程和视域决定了版式的空间感。人们阅读材料时习惯按照从左到右，从上到下的顺序进行。浏览者的眼睛首先看到的是页面的左上角，然后逐渐往下看。根据这一习惯，设计时可以把重要信息放在页面的左上角或页面顶部，如公司的标志、最新消息等，然后按重要性依次放置其他内容。心理学家和设计师们总结了最佳视觉顺序，如图5-52所示，最佳视点，如图5-53所示和最佳视觉流程，如图5-53所示。是我们在版面设计时应遵循的规律。

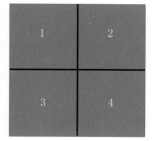

◆ 5-52 最佳视觉顺序

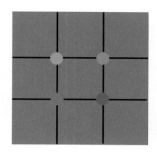

◆ 5-53 最佳视点

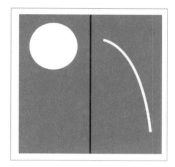

◆ 5-54 最佳视觉流程

视觉流程运动中应注意的事项：

（1）视觉流程的逻辑性

首先要符合人们认识的心理顺序和思维活动的逻辑顺序，故而，广告构成要素的主次顺序应该与其吻合一致。例如图片所提供的可视性比文字更具直观性，把它作为广告版面的视觉中心，比较符合人们在认识过程中先感性后理性的顺序，如图5-55所示。

（2）视觉流程的节奏性

节奏作为一种形式的审美要素，不仅能提高人们的视觉兴趣，而且在形式结构上也利于视线的运动。它在构成要素之间位置上要造成一定的节奏关系，使其有长有短、有急有缓、有疏有密、有曲有直形成心理的节奏，以提高观众的阅读兴趣，如图5-56所示。

（3）视觉流程的诱导性

现代版式的编排设计上，十分重视如何引导观众的视线流动。设计师可以通过适当的编排，左右人们的视线，使其按照设计意图进行顺序流动。如图5-57所示，设计师想让读者最先看到和注意的应该是左上角。

◆ 5-55 视觉流程逻辑性

◆ 5-56 视觉流程节奏性

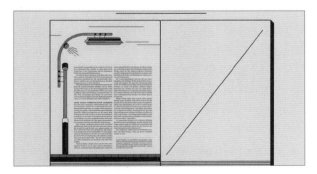

◆ 5-57 视觉流程的诱导性设计

5.4 插图——书籍的精髓

现代书籍装帧设计意在营造一个形神兼备，表情丰富的生命体，而这仅靠文字是远远达不到的，插图在书籍中具有一定的创造性和艺术性，有着文字不具备的特殊表现力。插图是一个以书为载体，为书籍服务的一种视觉元素。在时代高速发展，科技进步的今天，插图在设计中演绎着重要的角色。并在不同领域，发挥着自身独特的作用。现代插图是以其多元化的表现手法使画家与读者进行情感传达与思想沟通的一种媒介。

在书籍装帧设计中，插图的主要作用有以下几个：

1. 增强书籍的形式美，提高读者的阅读兴趣。

2. 对书籍内容起到补充深化的作用，弥补文字表达的不足。

5.4.1 插图设计的类型与编排

书籍插图按照类型分类主要包括：技术类（如科技，人文等），如图5-58所示，和艺术类（如绘画、文物等），如图5-59所示。其中技术类插图主要依据科学内容进行图片的设计和编辑。以用来辅助文字内容的信息传递。艺术类插图主要依据书籍的内容，加以艺术类插图的图形，色彩等要素进行客观传递文字信息，增强书籍阅读的愉悦性。按照编排分类主要包括：文中插图和单独插图。文中插图是指插图是夹在文字中间的，在一个版面上有文、有图，文中插图起着进一步阐述文字内容和美化版面的作用。单独插图是指插图与文字不在一个版面上，插图独立成页，但内容与形式与书籍内容紧密联系。

◆ 5-58 技术类书籍插图设计

◆ 5-59 艺术类书籍插图设计

5.4.2　插图设计的表现形式

（1）绘画表现形式

　　运用绘画的艺术形式将插图设计主题的传达予以视觉化，是一种直观形象的视觉语言，具有自由表现的个性，有很大创意余地，利于设计主题创造一种理想的意境与气氛，表达不同的审美情境，如图5-60所示。

（2）超写实表现形式

　　超级写实表现形式由于其独特的表现优势目前在国外被运用得十分广泛，它采用喷笔加毛笔的表现形式，将表现对象的重点部位或局部加以放大描绘，可以达成相当细致入微的真实视觉效果，比照相机拍摄的图像更入木三分，具有强烈的视觉感染力，为视觉传达开拓了一个崭新的空间，如图5-61所示。

（3）幽默调侃的表现形式

　　幽默是艺术中笑的酵母，将设计主题的表达寓于诙谐戏谑之中，以夸张的神情与动作使客观事物真、善、美的本质得到强调和渲染，寓庄于谐、寓涩于笑，运用"理性的倒错"等特殊手法，通过对美的肯定和对丑的嘲弄，创造出一种充满情趣而又耐人寻味的幽默意境，从而令人有会心一笑的特殊审美效果，如图5-62所示。

（4）摄影表现形式

　　传统摄影形式是指摄影借助照相机逼真再现某一视点上观察到的客观现实的图像，是摄影中一种纪实形式。具有真实准确地记录物象的能力，能够完美如实地通过摄影镜头来表现物象的真实性，有效地展示被摄对象强烈的诱惑力，是写实的最佳手法之一，它方便快捷，效果逼真，令观众相信它的真实性，如图5-63所示。

（5）抽象表现形式

　　抽象是与"生动的、直观的"具象相对的概念，指在比较、分析的基础上，从事物的众多属性中撇开非本质的属性，抽出本质的属性。抽象表现形式不是对自然的模仿，而是通过形、色、线的选择，加以排列组合以表达设计师的纯粹精神与感情，这是一种纯灵性、纯精神的艺术形式语言，如图5-64所示。

（6）立体插图形式

立体插图是一种特殊的表现形式，以实物进行制作和展示，它的特点在于将插图画面中别具意味的局部形象予以立体化处理，使之跳出画面之中，具有十分耀眼夺目的视觉效果，令观众产生一种独特的审美情趣。还有就是最大限度展现一些局部或背景形象的质地美和肌理本身具有一定的审美价值，它的纹理、结构、色相可以赏玩，如图5-65所示。

◆ 5-60 绘画类插图

◆ 5-61 超写实类插图

◆ 5-62 幽默调侃类插图

◆ 5-64 抽象类插图

◆ 5-63 摄影类插图

◆ 5-65 立体插图

教学实例

　　在书籍装帧的结构要素中，版式设计对书籍最终印刷效果的呈现尤为重要，书籍设计者应根据书籍的内容确定排版结构和方式，合理的排版不但会清晰准确地表达书籍的风格，也会带给读者耳目一新的感受。本次练习用不同的设计版式表达相同的设计内容，让学生通过练习对比领会版式设计对书籍画面的直观影响和作用，如图5-66至图5-71。

◆ 5-66 第一种版式
第一种排版采用直线式视觉流程，文字与图片分为两个部分，左下角加右上角式的排版形式，文字排版采用通栏排，这种排版视觉上比较规整，但画面的视觉中心不够明显。

◆ 5-67 第二种版式
第二种版面设计同样是直线式视觉流程，但采用了斜线式+直线式的版式构图，文字斜线式的排版相对来说比较活泼，有节奏感和空间感。下半部分直线式排版的图片让画面的重心稳定。这种版式视觉流程相对来说运用的比较普遍。

◆ 5-68 第三种版式
第三种版式设计是最常见的一种排版即通栏密排，这种排版效果易被大多数人接受，优点是不容易出现差错，缺点是排版没有新意，读者心理感受平淡、枯燥。

◆ 5-69 第一种版式
第一种版式设计采用左右面积不对等的视觉效果设计，利用图片把两个页面自然地联系在一起，读者在进行阅读时视觉流程相对较顺畅。

◆ 5-70 第二种版式
第二种版式设计采用最简单的两页直排的方式，画面比较清晰，电脑缺少节奏感。

◆ 5-71 第三种版式
第三种版式设计采用斜线式设计，图片与文字有机结合，视觉流程具有一定逻辑性。

设计点评

学生通过对自己设计的书籍内容进行前期调研，确定本书的设计风格，在风格统一的情况下，设计每一页的排版，在排版中应注意变化与统一的形式美法则，如图5-72至图5-75。

◆ 5-72《大美河山》版式设计
该书内容主要是西方国家著名景区概述，采用横向视觉流程，利用明度不等的黄色图片与线条相结合，空白处加以文字内容介绍，文字采用分栏排版，具有一定的空间感。

◆ 5-73《行》版式设计
该书的主要内容是景区景点介绍，在排版中主要以文字和图片相结合的方式。因图片较多，因此在排版时应解决的最大问题是在整体的视觉流程设计中有效设计图片文字的大小和位置。这位同学的设计文字与图片相辅相成，采用散点式排版，在变化与统一中合理地完成了视觉流程设计。

◆ 5-74《生命》版式计
该书内容主要介绍关于动物的资料，采用横向视觉流程，因书籍性质决定排版以图片为主，文字为辅，因此做了比例调整，刻意拉长了第一张图片的宽度，使这张图片占用了第一页和第二页的一小部分，使读者在进行阅读时视点很自然的过渡到下一页。文字采用横向疏排的方式，画面感很轻松。

◆ 5-75 杂志排版设计
该书籍主要内容为时尚类，因此排版采用中心构图的排版方式，大面积留白处理，使每一页面的画面视觉中心都非常清晰。每两个页面的排版大致相似，画面采用点式构图排列，利用渐变和发射的构成形式，使读者在阅读的过程中视觉流程清晰流畅。

课后练习

选取自己喜欢的书籍内容，根据文字内容做排版设计，要求设计风格明确，文字与图片相符，版式设计合理，如图5-76至图5-81。

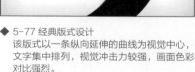

◆ 5-76 经典版式设计
该版式采用散点式设计，文字与图片相呼应，且画面视觉重点清晰，节奏感较强，画面给人感觉轻松愉悦。

◆ 5-77 经典版式设计
该版式以一条纵向延伸的曲线为视觉中心，文字集中排列，视觉冲击力较强，画面色彩对比强烈。

◆ 5-78 经典版式设计
该版式横向排列设计，画面具有稳定感和安全感，视觉感受比较舒适。

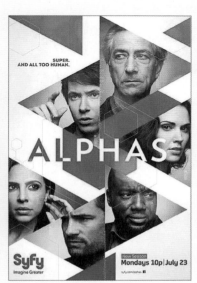

◆ 5-79 外文版式一
该版式设计主要采用横排分栏设计，图片与文字相结合，画面视觉流程很有节奏感。

◆ 5-80 外文版式二
该版式采用倾斜式排版，画面的视觉流程清晰，视觉冲击力很强。

◆ 5-81 外文版式三
该版式折线式排列，跳跃性较强，画面视觉冲击力很大，带给读者一定的感官刺激。

第6章

书籍设计的原则

作者的书稿通过合理、经济、美观、具有一定独创性的创意表现设计，经过工厂的精良印刷装订，最后成为一本与书稿内容相和谐的书籍形式。因此，对于设计师来讲，了解书籍设计的原则和功能就显得至关重要。

6.1 抽象与具象

6.1.1 抽象与具象

　　从艺术的角度来看，书籍设计可以分为抽象与具象两大类。真实的内容容易引起人的重视，具象的形体给人信任感，具象艺术总是能准确地、形象地、深入地表现事物，比如人物传记封面用人物，美食封面用食物，风景封面用风景。这类设计明白而简洁，真实而准确地再现书籍内容所包含的一切。但是，如果所有的读物都这样设计，难免给人一目了然，缺乏新奇感的视觉感受。如图6-1所示，书籍《穿行巴黎》封面设计采用了大家熟知的场景，时尚新潮的美女走在浪漫典雅的巴黎时尚之都。

　　为了使书籍设计更具魅力，又能有深度地表现书籍的内容，设计者可以故意隐藏书籍部分内容，把真实的色彩和形状在意念的指导下重新组合设计，形成深化的视觉空间。这种设计，是经过深化、定位、组织之后形成的书籍设计艺术语言。抽象艺术完全不受色彩和形状的限制，抽象美是非具象的、升华的一种形式美。抽象美在似与不似之间找到一种语言，含蓄深刻地表达书籍的内容。形成一种视觉冲击力或想象力来吸引读者，给读者更多的思维空间，如图6-2所示，书籍《人性的弱点》属于人际沟通类书籍，因此画面采用手绘抽象的两张人脸图案，蓝色与白色相结合，淡粉色的圆形让画面充满了趣味，给读者无限的联想与想象空间。在书籍设计中，具象与抽象设计应该水乳交融，抽象形式寓于具象形态之中。具象形态的借用又能产生抽象的艺术语言。

◆ 6-1《穿行巴黎》

◆ 6-2《人性的弱点》

6.1.2 内容与形式

　　一个好的书籍装帧设计，不但要有好的内容，也要有好的形式。这种内容与形式的关系，是一个事物的两个方面。形式由内容而生，又依附于内容。内容表现为形式，又决定形式。书籍的内容，应具有丰富的形式，书籍的形式，不是直接表达书籍的内容，而是通过对内容的理解，把他们转化成形象的艺术语言。其品位高低直接影响书籍的形象。设计中的色彩、图案、文字都是为了表现这本书的内容。如图6-3所示，美国孤独小说家麦卡勒斯的代表作《伤心咖啡馆之歌》选用俄罗斯当红插画师Miss Miledy的插画作品作为书籍封面，插画中带有肌理的房屋和树木诉说了孤独与宽容，让读者看到封面就能感受到书籍的内容色彩。如图6-4所示，尼尔·波兹曼编著的《娱乐至死》，封面设计采用几个无头的人围坐在电视旁，用绘画插图的形式表现了在电话，电视，电脑充斥的时代、政治、经济、教育、商业等都蒸蒸日上，并称为一种文化精神，而人类无声无息地成为娱乐的附庸，毫无怨言，甚至心甘情愿，其结果是我们成了一个娱乐至死的物种。如果形式不顾忌内容，把无关的图案强行拼凑，这时的美也失去了它的本质。形成了不能传达内容的无价值的形式，美也就从形式中消失了。书籍设计可能会成为像商品包装一样的设计，书籍设计要"表里如一"，也就是形式与内容的完美统一。这就要求设计者对书籍的内容详尽了解，根据书籍的内容设计书籍的表现形式。

　　设计者要做到内容与形式的统一，一定要博览群书，不断提高自己的文化修养。好则吸收，坏则弃之，不能墨守成规，要提高创造性思维能力，打破常规，敢于尝试不同的设计方法。除此之外，还应掌握各种印刷装帧技能，学会利用一切工艺手段进行设计。只有不断求索，不断创新，才能设计出更好的书籍装帧作品。

◆ 图6-3《伤心咖啡馆之歌》

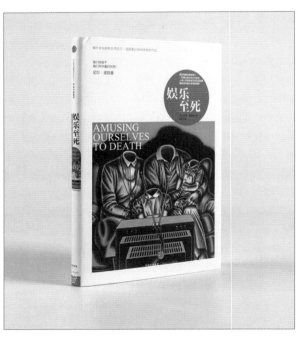

◆ 6-4《娱乐致死》

6.2 功能性

功能性作为书籍设计的总体原则是在适应市场、符合读者需求、适应工艺科技发展的基础上而进行的。

6.2.1 实用功能

实用功能或使用功能是书籍设计的基本功能，它体现了人们使用某种产品最直接的目的，书籍是为了满足人们的文化需求。无论什么种类的书籍，都有其对应的读者，有的书籍传播知识，有的书籍传播信息，还有的书籍起到娱乐大众的作用。书籍无论是传播知识还是娱乐大众，它所发挥的效用便是它的实用功能。书籍的实用功能反映了产品在满足人的物质或文化需求上所发挥的作用，它体现在书籍设计的技术性、艺术性和使用性上。

技术性是书籍设计的科技内涵体现，它主要取决于书籍设计的印刷技术和书籍材质的选择上。技术性不仅能显示书籍设计的科技内涵还能提高书籍的产品效益、书籍的价值和品牌的效应，是在书籍市场中，众多同类商品竞争中的有力竞争途径之一。单纯的技术性也不足以反映书籍设计的实用功能，因为书籍设计不同于其他设计产品，他的重要功能是传播文化，方便阅读，不是真正意义上的去使用。所以对于书籍设计的单纯的技术性不能完全体现书籍设计的实用功能。书籍设计的实用性还取决于它的艺术性，艺术性是通过书籍设计和人产生的精神活动，这种活动因人而异，没有一个统一的衡量标准。影响其因素有很多，包括人的年龄、地域、文化等，同时也受到人们当下的心情影响。书籍设计的使用性是发挥书籍实用性的重要方面，它表现在书籍的方便使用和方便阅读上。所以书籍设计在材质和工艺的选择上不能一味地追求"高端"，加重书籍的重量和过于繁琐的方式，同时书籍设计中书籍的开本尺寸大小要适中，方便读者阅读等。如图6-5所示，书籍《韵》内容主要以介绍中国旗袍的发展历史及旗袍的样式为主，因考虑读者的年纪特征，封面设计极具艺术性。

6.2.2 审美功能

书籍设计具有审美功能。书籍设计的审美功能是书籍通过其外观形式给人的一种赏心悦目的感觉，使人们得到生活情趣和价值体验。书籍设计的审美性，通过书籍设计中各部分配合，齐力打造，缺一不可。如图6-6所示，书籍《蒲公英的天空》是儿童读物，在设计时充分考虑审美功能，封面采用镂空的打开方式，用故事的主人公"刀刀"的不同形象来设计封面的图案，设计符合读者的年纪和性格特征及审美习惯。

◆ 6-5《韵》

◆ 6-6《蒲公英的天空》

面对着琳琅满目的书籍时，我们的目光往往会被书籍封面的颜色、封面的图案、书籍的外在形状等因素影响。邓中和先生在书中说道"精美的书籍设计将艺术的魅力作为传递信息的方式来打动读者的心，由此诱发读者对书籍的美好想象，潜移默化地偷偷引诱人们上钩"。如图6-7《家》，6-8《鲁迅经典文集》所示，无论封面设计还是材质的应用都使人眼前一亮，具有特色，由此可见精美的封面设计对书籍销售的重要性。它能简单、快捷、精准地把主旨传递给读者，引起读者的注意，激发读者的兴趣，从而发生消费购买行为。

书籍设计的审美功能要与时代密切相连。随着时代的变化，人们的审美意识也逐渐发生改变，审美需求不断攀升。人们在物质生活得以满足的前提下，必定会追求更高层次的精神生活。书籍设计是基于书籍基础上的艺术设计，它的最终服务对象是人，是具有审美需求、思想活动、情感欲望的人。时代的进步，科技的发展，影响到了人们的生活方式和人们的审美观念，人是一个复杂的多样性的具有情感、思想、智慧的综合体，所以在需求上也是多方面的。

书籍设计想满足人们的审美需求，就需要掌握大众的喜好、大众的心态和大众的审美倾向，甚至要关注普遍、最大众、最流行的喜好，书籍设计要符合当今读者的审美习惯。首先时代感表现在书籍设计的形式上，其次时代感表现在书籍设计的工艺上，时代的进步、工艺的提升、新材料的尝试在不断地被运用到设计中。最后时代感表现在书籍设计的作用中，书籍设计已经不单单是为了内容而服务了，它还是一种宣传手段，所以它要符合现代读者的审美。"美是发展的"，书籍设计必须与时俱进，不仅在材料工艺，还需在创意上符合现代审美习惯。因此，优秀的书籍设计是在满足书籍的实用基础功能前提下，传播艺术美、文化美、内涵美给人们以美的精神享受。

◆ 6-7《家》

6.2.3 商业功能

书籍设计的商业功能是书籍的实用功能得以实现的前提。在书店众多的书籍中，如果书籍不能通过其外表俘获读者的心，那么就很难会发生购买行为，商业功能也就无从谈起。书籍设计通过文字、图案、开本设计等来表达书籍的内容，使读者在短时间内直观的获取书中的内容，领悟书中的内涵。一个好的书籍设计不仅可以为书籍本身加分也可以在众多同类商品中脱颖而出，具有很好的广告商业价值。在生活中这样的例子不胜枚举，当我们走进一家书店，除了有目的的选择外，在

◆ 6-8《鲁迅经典文集》

教学实例

布置学生课后搜集自己喜欢的书籍设计，讨论该
书籍封面设计与书籍内容之间的关系，理解书籍封面
不仅起到了保护书籍的功能，又体现了书的内容和性
质，还给予读者美的享受，如图6-9至图6-14。

◆ 6-9《奥斯曼帝国》
该书籍主要内容介绍奥斯曼帝国的历
史，因历史性题材，因此封面设计采
用庄严的黑色，画面的星月图案是国
旗的图案，象征驱走黑暗，迎来光
明，也标志着土耳其人对伊斯兰教的
信仰。

◆ 6-10 手工标本书籍
该书是手工概念书，书籍材料利用特殊纸张、木
棍和麻布等色系相同的材料结合的方式，来表达
书籍的审美功能。

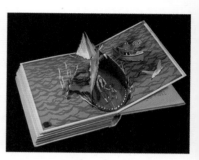

◆ 6-11 手工立体书籍
该书是儿童读物系列，希望每一个阅读的
孩子都能够在书籍故事中身临其境，拥有
这种立体的视觉感受。

◆ 6-12 布艺书籍
废旧的牛仔裤能做成什么呢？你一定
想不到做成书籍的封面有这么多好处，
既能保护书籍又能存放学习工具。

◆ 6-13《化石》
这本书模拟化石的效果做了封面。与书籍
内容相符。同时也表现出了历史沉淀后的
视觉美。

◆ 6-14 手工书籍
特殊的纸质材料与纽扣、纤维相结合，封面效果
古朴亲切又不失高雅。

设计点评

学生通过搜集大量的材料，理解书籍内容与封面设计之间的关系，掌握书籍设计原则在设计过程中的体现方法，自选书籍内容，进行书籍装帧封面设计制作，如图6-15至图6-20。

◆ 6-15《圣经》
该书为宗教类刊物，因此在封面设计上采用米色黑色与黄色搭配，包装庄严。图形简介，准确地体现了书籍的性质。

◆ 6-16《三毫米的旅程》
该书籍内容主要介绍红酒的制作过程，因此封面色调采用酒红色，画面的图案对红酒瓶的部分罗轮线做单线条设计，部分线条加以刻度标注，以体现书籍的名称《三毫米的旅程》。

◆ 6-17《天下客家》
该书内容主要介绍客家人几千年来的历史与文化，因此在封面的设计上采用少数民族的图案，装订形式运用古老的线装，与书籍内容相辅相成。

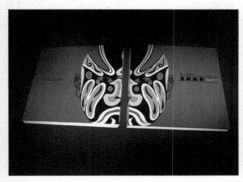

◆ 6-18《京剧脸谱》
该书主要介绍中华民族的国粹京剧中的人物脸谱，因此封面采用脸谱平均分布封面与封底，颜色采用黑红搭配，迅速传达书籍的内容与性质。

◆ 6-19《水浒传》
该书内容是四大名著之一，因此封面设计整体非常古朴，有年代感。装订形式也采用古老的线装，四本一个系列，外部用了书籍设计封套。

◆ 6-20《字体设计》
该书是设计专业书籍，因此封面设计大胆，简洁，开合方式也具有时代感。

课后练习

自选内容，依照书籍设计原则，根据书籍内
容设计封面，能够用色彩和图形正确表达书籍性
质及其内容，如图6-21至图6-26。

◆ 6-21《民间剪纸》
《民间剪纸》整本书的色彩设计采用大红色调，书籍封面延续了剪纸的设计风格，用半镂空的形式来体现书籍内容。

◆ 6-22《纽约书籍》
《纽扣书籍》概念书籍封面利用纽扣来设计，里面内容每一个展示了与纽扣相关的图案，整本书趣味性很强。

◆ 6-23《文物点翠》
该书是文物知识类书籍，封面颜色搭配古朴大气，封面采用古代的窗户做镂空设计，封面设计风格与内容很协调。

◆ 6-24《瑞世良英》
该书是历史人物类题材，封面设计是中国风的设计，无论色调还是开合方式都具有中国特色。

◆ 6-25《中国木门》
该书是科普类书籍，介绍中国木门的制作工艺，封面设计模拟中国古代皇宫的对开门设计，准确地表达书籍内容。

◆ 6-26《西厢情》
该书是中国传统戏曲名剧，封面设计采用中国古老文纹做装饰，线条和色彩的使用都传达了这一爱情故事。

第7章

书籍设计流程——
由心到物的转化

书籍设计是一种造物活动，它的使用目的来自两个方面，一是把作者的思想通过印刷在纸张上的油墨，用文字或符号记录下来；二是通过有效的设计传递给读者。为了准确、生动、形象地把作者的思想传达给读者，必须用我们所掌握的专业设计流程知识来为这一目的服务，最后不仅让读者阅读流畅，还要让读者感受到书籍的装帧形式与书籍的内在精神是统一和谐的。

7.1 前期策划与市场调研

　　一本书从组稿到最终成书出版一般包括选题策划与调研、编辑加工和印刷发行三个重要的环节，而图书的选题策划作为其中的重要环节，它决定着图书的出版方向，更直接影响着该书的品相，一本好书的诞生往往伴随着一份优秀的策划案。随着时代的发展和技术的不断进步，图书出版界更应顺应潮流，策划更多更好的图书传递时代声音。新媒体的日益兴起对纸媒的发展造成了不小的冲击，作为纸媒代表之一的图书出版业亟须调整经营策略，谋求发展新思路。在当下这个创意为王的时代，"图书策划"的工作也开始广泛地被业界所重视，这也是书业在转型发展的大环境下产生的必然结果。

　　《后汉书·隗嚣传》记载"是以功名终申，策画复得"，在"画"与"划"互通的时代，这是"策划"一词第一次被提及，它特指谋划、筹划、计策。时代发展至今，"策划"一词也有了更全面而准确的界定：策划是一种程序，在本质上是一种运用脑力的理性行为。基本上所有的策划都是关于未来的事物，也就是说，策划是针对未来要发生的事情作当前的决策。因此出版业的"图书策划"工作也就是策划编辑通过理性地分析并结合创意性的思路对一本书未来的整体出版计划事先所做的决策性工作，而这项工作往往能直接决定一本书的品相。完整的图书策划一般包括如下阶段：选题内容构思、作者队伍构建、合作立项阶段、编辑加工进度、装帧设计建议、预算及利润分析、营销宣传计划、预期效果等。上述过程几乎涵盖了一本书从雏形到最终推向市场的全部环节，直观地体现了图书策划对于图书出版的引领性作用，因此策划编辑在图书出版过程中的作用是全局性的、主导性的。

　　前期市场调研也是书籍设计必不可少的一个环节。其主要目的是了解现有书籍市场中书籍的种类、风格、装订样式及工艺。依据调查结果对书籍设计风格进行整体规划，为设计工作奠定基础。另外也可以通过资料收集在网络上寻找类似书籍的装帧方式，借鉴里面适合本书的元素，并加以修改和完善，对喜爱本书的读者进行调查，征询读者意见，选取主要的元素以作参考。在综合以上资料，整合并完善以上元素之后，对整个的设计风格进行确定，设计的项目涵盖开本、书脊、环衬、扉页以及页面版本，书籍设计才能最终确定。如图7-1所示，时尚类书籍，因此封面采用半立体折纸的方式表现，使读者耳目一新。如图7-2所示，书籍内容是值得珍藏的老照片，因此在进行书籍设计时采用"盒子"封面的设计。

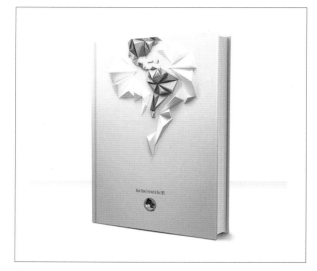

◆ 7-1 半立体封面设计

◆ 7-2 盒子装设计

7.2 设计表现与制作

书籍设计是在一块体积狭小，容量有限的方寸空间里耕作，设计者要了解设计表现的要素与制作方法，方能准确传达书籍内容信息并吸引读者。如书籍纸张的选定，开本的比例美感，装订形式等都需要经过设计者的精心设计。另外，书籍光有好的内容和形式是不够的，印刷质量的好坏是评价书籍好坏的重要因素。也就是说，书籍的设计要与印刷工艺相结合。

7.2.1 印前的基本知识

（1）文字字体的选择

汉字字体在印刷上一般分为两大类印刷基本字体：如书宋体、仿宋体、楷体和黑体，美术字体或艺术字体。为了美化版面，在印刷中也采用一些新创的美术字体，如：隶书、综艺、行楷、美黑等，这些字体一般使用在广告页和期刊、报纸的标题字中，不做正文使用。

（2）文字字号的选择

我国对文字大小采用以"号数制"为主，"点数制"为辅的原则进行度量，正式出版的书籍，正文的字号一般为5号，其他出版物，对字号的需求可按需要确定。

（3）图像的网点线数

网点线数：指单位长度（每英寸或每厘米）内所排列的网点个数，用LPI或LPC表示。在习惯上也称"网屏线数"或"网目数"。网点的线数越高，图像的层次表现得越丰富，细节也就越多，反之网点线数越低，图像的层次越少，表现出来的图像就越粗糙。

（4）图像的网点角度

网点角度：就是网点排列的方向。（印刷品上，如果用放大镜观察印刷品上的图像，则会看到组成印刷品图像的网点是按一定的规律进行排列的）对于不同的印刷方式大都采用如下的网点角度：对于单色印刷，只需要一种网点角度，常选用45度。对于双色印刷，需要两种网点角度，常选用45度和75度（15度）两个角度。对于四色印刷，则需要四种网点角度，一般常选用15度、45度、75度、90度。

（5）颜色选择需要注意的问题

在调幅加网的模式中，书籍的印刷大都采用四个色版来完成整个印刷过程，即CMYK，但是CMYK印刷的油墨所能再现的颜色范围（CMYK色域）是有限的，小于色光RGB再现的颜色范围，因此，需要进行合理的颜色选择。

①颜色饱和度不宜过高

②最好采用印刷色谱来选择你所需要的颜色

③在有叠印色（CMYK四色混合色）的情况下，不要采用过多的专色。

（6）设计要注意版面上的图案的结合

①在黑白书籍中有彩色插页，需要考虑插页页数的分配问题。

②在同一般版面中进行设计时，切忌将一些大面积的实地与一些细线条或细网线图案设计在同一版面中。

③在版面的设计中，忌讳设计出大面积深色或显色颜色，最好不要设计与印刷幅宽或幅长等长的条形实地。

（7）图像扫描时应注意的问题

在扫描图像时，最重要的是扫描分辨率的确定：分辨率低扫描的图像质量很差，图像变得非常粗糙，以至于图像边缘出现锯齿状。分辨率过高使原稿中不必要的细节如画面上的斑点以及图像周围的其他背景都会凸现出来，还会使扫描图像的存储空间过大，影响图像的处理速度。在设置扫描分辨率前，应了解所用扫描仪光学分辨率是多少，最好将分辨率设置在光学分辨率内扫描。

7.2.2 特殊印刷工艺

吕敬人老师提出："把握当代书籍形态的特征，要提高书籍形态的可认性、可视性、可读性，要掌握信息传达的整体演化，掌握信息的单纯性，掌握信息的感官传达。"这里所说的信息的感官传达，是对书籍的各个方面进行的整体把握与综合设计，也是优秀书籍设计作品的生命活力之所在。随着经济的发展，人们的物质水平越来越高，需求逐渐增加，工艺要求的质量越来越精，形势越来越多样化，所以印刷工艺的多种可能性满足了人的视觉、触觉、嗅觉。下面就介绍几种特殊的印刷工艺：

（1）文字压凹和打凸没有印刷油墨，如图7-3所示。

通过工艺达到传达效果，形成了人对印刷物料的触觉和视觉。通过触摸形成的空间关系，不单单是视觉上的一个关系。

◆ 7-3 压凹和打凹

◆ 7-4 印刷金色，烫金

（2）印刷金色，烫金色　如图7-4所示，烫金具有相当高的装饰性，使书籍封面清晰，美观，具有光泽感，同时也能提高书籍的档次。

（3）特种布　随着社会的发展，布的种类也日益增多，出现了不同肌理、纹理的布。有时候一个书籍封面不需要设计，如图7-5所示，直接通过特种布的包裹也非常漂亮。

（4）七彩UV　UV印刷是一种通过紫外光干燥，固化油墨的一种工艺，需要将含有光敏剂的油墨与UV固化灯相配合，是印刷行业最重要的内容之一。如图7-6所示，UV印刷配合烫银工艺，与传统的印刷工艺相比，具有色彩艳丽，承印材料特殊的特点，同时能营造出如梦似幻的神秘奇异效果。

（5）镂空　镂空是在印刷工艺中的常见的方式，如图7-7所示，通过镂空达到空间表达，传递设计信息，并不是为了镂空而镂空。

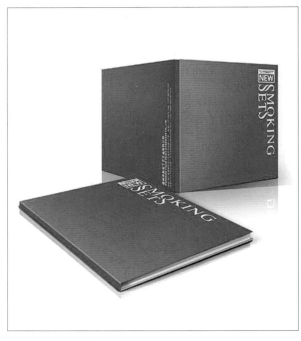

◆ 7-6 七彩UV印刷

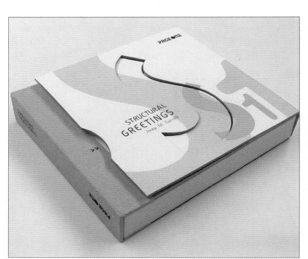

◆ 7-7 镂空印刷

◆ 7-5 特种布

教学实例

概念书籍设计，书籍装帧设计是由心到物的转化，在设计者确定其设计内容及要表达的视觉感受之后，进行前期市场调研，最后选取合适的表达方式对书籍内容进行表现，如图7-8至图7-13。

◆ 7-8 概念书籍《水》
运用木材，宣纸和毛笔字来体现"水"的主题，倡议大家节约水源。

◆ 7-9 概念书籍《藏》
采用葫芦为主要的载体，葫芦内放置纸张，表达知识的可贵。

◆ 7-10 概念书籍《人生之海》
大海是万物生存之源，作者用纸来表现人生与大海的关联。

◆ 7-11 概念书籍《书乐》
作者用中国红搭配白色，用经折装的方式来表达读书的乐趣。

◆ 7-12 概念书籍《童年》
用做旧效果搭配童年的记忆，把书籍做成半立体的效果，是既有回忆又有乐趣的一本书。

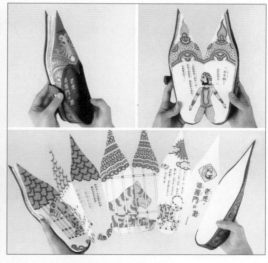

◆ 7-13 概念书籍《城堡》
作者用城堡的外轮廓搭配剪纸风格。

设计点评

学生通过前期市场调研，确定书籍装帧设计的内容，使书籍内容与精神内涵完美统一，给读者完美的阅读感受，如图7-14至图7-19。

◆ 7-14《清欢》散文
文图用激光雕刻技术雕刻而成。内页选取长型较厚的钢骨纸片，并以深色的纸绳连串贯穿，读者可根据喜好自行拆卸拼合，或作书签用。

◆ 7-15 立体书籍
书内大部分采用立体切割制作，给读者愉悦与精细的阅读感受。

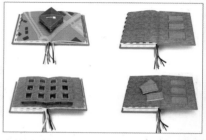

◆ 7-16 手工书籍
灵感来自中国的窗户，不同内页做不同的视觉效果设计，透叠的视觉效果让人有不同的心理感受。

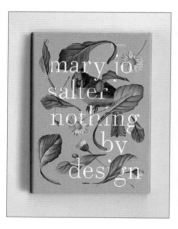

◆ 7-17 外文小说
外国爱情小说，设计风格淡雅、浪漫，贴切地体现了书籍内容。

◆ 7-18《羊毛毡教科书》
手工制作教科书，封面采用部分手工制作，色地雅致，画面亲切感十足。

◆ 7-19《拼布童话》
布艺制作书籍，画面色调清爽，图片选择很具有代表性。

课后练习

选定书籍内容，然后依据自己所选内容，为书籍设计相符的装帧方式。要求能体现书籍内容，表达书籍的设计思想，如图7-20至图7-25。

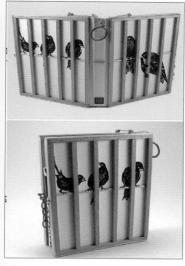

◆ 7-20《鸟》
《鸟》内容主要表现鸟的不同状态，书籍装订方式在胶订的基础上加入木条和锁链装饰，使读者在翻阅书籍时有打开牢笼放飞小鸟的心理感受。

◆ 7-21《忆记》
书内收录作者随笔，封面全手工制作，材料选取纤维材料粘贴缝制。

◆ 7-22《蝴蝶》
一本与蝴蝶知识有关的书籍，书籍页面半立体设计与书籍外三维立体图形相结合，在视觉上让人耳目一新。

◆ 7-23《甲马纸》
书籍为手工书籍，收录云南传统手工造纸印染艺术，封面采用红色纸张拓印图案，有效传达书籍信息。

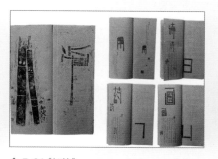

◆ 7-24《知竹》
印刷方式为手工刻木版画，装订为线装竹节意图，整本设计都是手工完成，更加符合书籍的质朴、简单特性。画面表现都是以竹节和儿童手法去体现"知竹常乐"。

◆ 7-25《小木偶》
书籍通过折叠的手法进行内页设计，利用视觉错视的原理，使读者在阅读时感受到乐趣。

第8章

印刷承印物——材质的感官表现

书籍装帧艺术的体现来自书籍实物，是构成书籍的必要材料和印刷工艺的组合，形成了书籍物态，从而适应阅读的目的。如果书籍装帧没有印刷承印物，那么书籍也就不复存在了，不同的承印物展示的书籍效果也不尽相同，由于科技的进步，书籍承印物的种类也越来越多，以下介绍几种生活中常见的印刷材料。

8.1 纸张承印物

纸张的选择会影响书籍呈现的最终效果，也是体现书籍内在文化思想的载体。好的书籍是内容与纸张材料的完美结合，并通过恰到好处的艺术手段展现出来，当读者手捧书籍进行阅读的时候，不仅能体会到书籍内容的魅力，同时也能有触感地享受，这样的书籍设计才是完美的设计。现代设计中书籍的主要印刷材料为纸质，如图8-1所示，常见一般的纸张重量（49-60）±2g/m；平板纸的规格：787mm×1092mm，850mm×1168mm，880mm×1230mm；卷筒纸的规格：国内常见的卷筒纸宽度分别为787mm，1092mm，1575mm。以下根据纸质材料的性能和特点分类介绍。

◆ 8-1 纸张承印物

8.1.1 铜版纸

铜版纸又称印刷涂料纸，这种纸是在原纸上涂布一层白色浆料，经过压光而制成的。纸张表面光滑，白度较高，纸质纤维分布均匀，厚薄一致，伸缩性小，有较好的弹性和较强的抗水性能和抗张性能，对油墨的吸收性与接收状态良好。如图8-2所示，铜版纸主要用于印刷画册、封面、明信片、精美的产品样本以及彩色商标等。铜版纸印刷时压力不宜过大，要选用胶印树脂型油墨以及亮光油墨。要防止背面粘脏，可采用加防脏剂，喷粉等方法。

◆ 8-2 铜版纸印刷广告

8.1.2 新闻纸

新闻纸也叫白报纸，如图8-3、图8-4所示，是报刊及书籍的主要用纸。新闻纸的特点有：纸质松软，富有较好的弹性；吸墨性能好，这就保证油墨较快地固着在纸面上；纸张经过压光后两面平滑，不起毛，从而使两面印刷品印迹比较清晰而饱满；有一定的机械强度；不透明性好；适合于高速轮转机印刷。这种纸是以机械木浆（或其他化学浆）为原料生产的，含有大量的木质素和其他杂质。不宜长期存放。保存时间过长，纸张会发黄变脆，抗水性能差，不宜书写等。必须使用印报油墨或书籍油墨，油墨黏度不要过高，平版印刷时必须严格控制版面水分。

◆ 8-3 新闻报刊

◆ 8-4 新闻报刊

8.1.3 胶版纸

胶版纸，如图8-5所示，主要供平版（胶印）印刷机或其他印刷机印制较高级彩色印刷品，如彩色画报、画册、宣传画、彩印商标及一些高级书籍，以及书籍封面、插图等。胶版纸按纸浆料的配比分为特号、1号和2号三种，有单面和双面，有超级压光与普通压光两个等级。胶版纸伸缩性小，对油墨的吸收性均匀，平滑度好，质地紧密不透明，白度好，抗水性能强。应选用结膜型胶印油墨和质量较好的铅印油墨。油墨的粘度也不宜过高，否则会出现脱粉、拉毛现象。还要防止背面粘脏，一般采用防脏剂、喷粉或夹衬纸。

◆ 8-5 胶版纸

8.1.4 凸版纸

凸版纸是供凸版印刷书籍、杂志的主要用纸，如图8-6所示。凸版纸按纸张用料成分配比的不同，可分为1号、2号、3号和4号四个级别。纸张的号数代表纸质的好坏程度，号数越大纸质越差。凸版印刷纸主要供凸版印刷机使用。这种纸的特性与新闻纸相似，但又不完全相同。由于纸浆料的配比与浆料的叩解均优于新闻纸，凸版纸的纤维组织比较均匀，同时纤维间的空隙又被一定量的填料与胶料所充填，并且还经过漂白处理，这就形成了这种纸张对印刷的适应性。与新闻纸略有不同，它的吸墨性虽不如新闻纸好，但它具有吸墨均匀的特点；抗水性能及纸张的白度均好于新闻纸。凸版纸具有质地均匀、不起毛、略有弹性、不透明、稍有抗水性能、有一定的机械强度等特性。

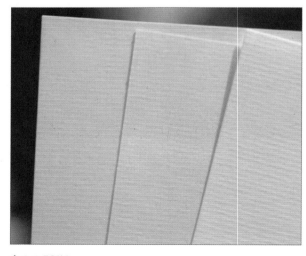

◆ 8-6 凸版纸

8.1.5 白卡纸

白卡纸一般区分为蓝白单双面铜版卡纸、白底铜版卡纸、灰底铜版卡纸。完全用漂白化学制浆制造并充分施胶的单层或多层结合的纸，适于印刷和产品的包装，一般定量在150g/m²以上。这种卡纸的特征是：平滑度高、挺度好、整洁的外观和良好的匀度，可用于名片、菜单或类似的产品。从前有人拟以定量为基准划分为：纸张、卡纸和纸板；白卡纸对白度要求很高，A等的白度不低于92%，B等不低于87%，C等不低于82%。如图8-7所示，白卡纸是一种较厚实坚挺，由纯优质木浆制成的白色卡纸，经压光或压纹处理，主要用于包装装潢用的印刷承印物，分为A、B、C三级，定量在210—400g/m²，主要用于印制名片、请柬、证书、商标及包装装潢等。单铜纸表面光亮、涂布均匀、吸墨快速，具有良好的印刷适性，适合精致的彩色印刷。以精致印刷为目的，将原纸表面施以涂料加工，并经超级压光机压光的。双铜纸分为单面及双面涂布的铜版纸，依日本纸业分类标准其每面涂布量约10g/m²以上，为文化出版、广告设计、印刷装订及工商业界最常使用纸种之一。双胶纸是指印刷用纸，也叫胶版纸，像我们的书就是用双胶纸印刷的（但像《瑞丽》等时尚杂志的用纸表面滑滑的，有涂布有光泽度的叫双铜纸），一般在60g至120g之间，也有150g的高克重双胶纸。低于60g的就不叫双胶而叫书写纸了，书写就是比较差的纸种了。

◆ 8-7 白卡纸

8.1.6 宣纸

宣纸，如图8-8所示，是一种具有悠久历史的纸品，同时也是一种特殊的纸张，将宣纸用于创作中国传统的书画具有不可替代的作用，这是因为宣纸具有以下显著的特点：

（1）润墨性好，耐久耐老化强，不易变色。这与原材料的纤维及工艺有关系。目前，中国故宫博物院、其他国家的博物馆里基本上都保存有宣纸画的画。

（2）宣纸具有"韧而能润、光而不滑、洁白稠密、纹理纯净、挫折无损、润墨性强"等特点。

（3）有独特的渗透、润滑性能。写字则骨神兼备，作画则神采飞扬，成为最能体现中国艺术风格的书画纸，所谓"墨分五色"，即一笔落成，深浅浓淡，纹理可见，墨韵清晰，层次分明，这是书画家利用宣纸的润墨性，控制了水墨比例，运笔疾徐有致而达到的一种艺术效果。

（4）少虫蛀，寿命长。宣纸自古有"纸中之王、千年寿纸"的誉称。19世纪在巴拿马国际纸张比赛会上获得金牌。宣纸除了题诗作画外，还是书写外交照会、保存高级档案和史料的最佳用纸。我国流传至今的大量古籍珍本、名家书画墨迹，大都用宣纸保存，依然如初。全世界的书画用纸，也没有宣纸这样好的质量。

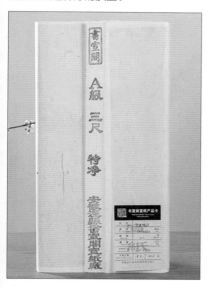
◆ 8-8 宣纸

8.1.7 特种纸张

特种纸是将不同的纤维利用抄纸机抄制成具有特殊机能的纸张，例如单独使用合成纤维，合成纸浆或混合木浆等原料，配合不同材料进行修饰或加工，赋予纸张不同的机能及用途，例如：生活用、建材用、电气制品用、工业过滤器用、机械工业用、农业用、信息用、光学用、文化艺术用、生化尖端技术用等，只要是用于特殊用途的纸材，全部统称为特种纸。包括：棉纸、宣纸、隔层纸、无尘纸、隔油纸、防尘纸、防锈纸、钞票纸、薄页纸、喷墨纸、擦拭纸、热敏纸、描图纸、过滤纸、浮印纸、吸油纸、茶袋纸、铝箔纸、

拷贝纸、美术纸、障子纸、透气纸、羊皮纸、复写纸、毛边纸、离型纸原纸、无碳复写纸、壁纸原纸、玻璃卡纸、咖啡滤纸、剥离纸、生理用纸、烟卡、格拉辛纸、壁纸被覆材、美耐板用纸、吸湿纸、耐燃纸、石棉纸、柏油纸、防霉纸、静电防止纸、导电纸、半导电纸、电池分离纸、电磁遮蔽纸、电气绝缘纸、耐热纸、汽车用滤纸、空调滤纸、脱臭滤纸、医疗卫生用纸、药包纸、无菌纸、医疗胶布基材、手术衣、研磨纸、蚕棉纸、温床用纸、被覆纸、遮光纸、育苗纸、防虫纸、感压记录纸、印刷电路板厚纸、感热记录纸、磁性记录纸、磁性卡纸、热转写记录纸、电子基层板用纸及其他各种信息用纸、相片用纸、拭镜纸、印画纸、纸绳、硫酸纸、书画用纸、调湿纸、墨流纸、化妆纸、酵素固定化用纸、吸着纸、纺筒纸等，如图8-9至图8-14所示。

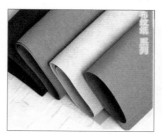
◆ 8-9 布纹纸

◆ 8-10 东巴纸

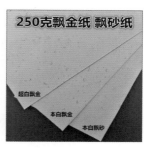
◆ 8-11 花瓣纸

◆ 8-12 金纸

◆ 8-13 棉丝纸

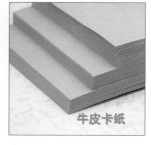
◆ 8-14 牛皮纸

8.2 特殊承印物

在印刷中，除纸张外，能满足书籍装帧设计意图、体现设计精神和印刷工艺要求的承印物还有很多，诸如各种织物、塑料、金属、木料、皮革、合成树脂纤维等材料作为特殊承印物活跃在书籍设计中，被广泛应用。

8.2.1 纤维织物

纤维织物主要有棉、丝、麻织品等。一般采用凹版和丝网印刷。

（1）棉织物做封面古雅端庄，朴素经济，加工易粘连和烫印。但缩水性比较强，使画册印刷品外观效果不能长久保持。如图8-15所示，俄罗斯刺绣艺人的手工刺绣书籍，视觉效果古雅别致。

（2）丝织物做封面质地细腻、烫印精细、图文清晰、秀丽古雅。多用于高档精装画册。加工要求高，具有不耐酸碱的特性，如图8-16所示，采用丝质材料装饰书籍封面，视觉效果精致秀丽。

（3）麻织物做封面如图8-17、图8-18所示，书籍封面分别采用棉布和麻绳制作，具有质感强烈、粗犷大气的特点，多用于大幅面的画册和画册设计。运用麻织物的画册封面也常配以化学纤维材料做点缀，如黏纤、涤纶、锦纶等其他特殊承印物。

◆ 8-15 刺绣封面

◆ 8-16 丝质材料装饰封面

◆ 8-17 织物封面

◆ 8-18 麻织物封面

8.2.2 皮革材料

极少高档画册采用的材料。主要有牛皮、猪皮、羊皮等。皮革材料加工工艺复杂，一般采用烫印或镂空的方式来处理，如图8-19所示，在《马克思手稿影真》一书的设计中，吕敬人通过纸张、木板、牛皮、金属以及印刷雕刻等工艺演绎出一本全新的书籍形态。尤其在不同封面质感的木板和皮带上雕出细腻的文字和图像，更是别出心裁，趣味盎然。

◆ 8-19《马克思手稿影真》

8.2.3 金属材料

    金属是一种重要的承印材料。如图8-20所示，欧洲具有珍藏价值的图书很多都选取金属材料制作，金属印刷有别于一般的纸张及塑料印刷，有其自身的适印特点。合理选用油墨和上光油是保证金属印刷产品具有良好的牢固度、色彩、白度、光泽度以及加工适性的前提，是决定金属印刷产品质量的关键。与纸张印刷油墨相比，金属印刷平版胶印应使用高黏度的油墨。

    金属印刷中，为提高印后加工的适应性，使印品表面具有一定的光泽度，在印刷油墨未完全干燥之前应进行上光处理，以形成均匀、平滑的涂膜，避免产生渗色现象。同时，金属印刷油墨应具有一定的硬度和韧性，在反复加热时不至改变其性质，底色涂层和上光油应具有良好的附着性。

◆ 8-20 欧洲手工书籍

8.2.4 木质材料

    承印材料的肌理和触感都会对读者起到心理影响作用，木质材料给人以亲切古朴的质感，通过木质材料的选择，增加书籍的质感和触感，在正确传达书籍内容的同时，使书籍给人留下深刻的印象。如图8-21所示，吕敬人在构思《朱熹榜书千字文》设计承印物时，他认为朱熹的大字洒脱、大气，一般的纸质材料表达的不够深刻，因此在封函的设计材料上选取了桐木材质，将一千字反雕在桐木板上，仿宋代印刷的木雕版，传递出古香古色的文化气味。让读者对整本书的印象得到提升，提高读者的阅读趣味和欲望。

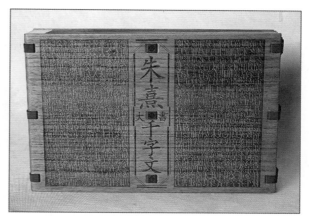

◆ 8-21《千字文》

教学实例

　　书籍设计的最后步骤是制作印刷，印刷的载体和承印物的选择决定书籍最后的视觉效果，本次训练通过学生市场调查，资料搜集，对采用不同印刷承印物的书籍进行对比，意在让学生理解其表达的质感和效果的不同，如图8-22至图8-27。

◆ 8-22 金属书籍
　　该书是概念书籍，运用金属材料来表达书籍的质感，利用金属上大小不同的镂空圆形来表达书籍内容的节奏感。

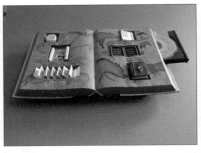

◆ 8-23 手工立体概念书籍
　　书籍采用立体构成的设计方法，在书籍翻阅过程中给读者空间式的体验。

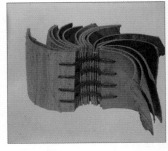

◆ 8-24 皮质概念书籍
　　用原皮手工装订的形式来表现，原始的材料和手工表达了古朴、简约的设计美。

◆ 8-25 创意书籍设计
　　古香古色的珍藏书籍，古典音乐盒式的书，而且上了弦就能自动翻页。

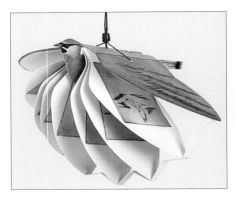

◆ 8-26 创意书籍设计
　　外形看起来像是个正在扇动翅膀飞翔的鸟，书的内容页展示鸟飞翔的动画效果。

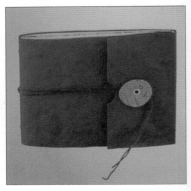

◆ 8-27 纤维封面书籍
　　书籍封面采用纤维制品设计，整体书籍设计高端、简洁又不失亲切感。

设计点评

　　每一位设计师都会依据书籍的内容设计书籍的装帧方式及印刷承印物，印刷承印物是读者对书籍的第一感受，因此承印物的合理选择对书籍最后的物化表达起着至关重要的作用。书籍承印物选择不同，视觉效果也会大不相同，传递给读者的心理感受也不尽相同，如图8-28至图8-33。

◆ 8-28 创意立体书籍设计
立体书籍，打开书籍看到两个可爱的小精灵，会让人觉得很亲切。

◆ 8-29 创意立体书籍设计
书籍和笔可是密不可分的好朋友，怎么样一起携带呢？这本书的设计解决了这一难题。

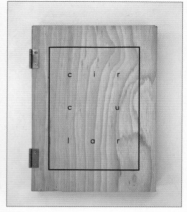

◆ 8-30《通告》
该书模拟木盒子的设计，木纹的肌理搭配黑色简洁的书籍英文字母，使其设计具有高级感。

◆ 8-31《漆艺工艺》
该书把书籍的封面设计与漆器的制作工艺相结合，使书籍封面色彩厚重，带有光泽感。

◆ 8-32《中国纸张》
该书整体采用宣纸制作完成，首先利用拓印技术印刷，之后手工撕掉部分宣纸层做出肌理效果。

◆ 8-33《钱去哪》
该书用牛皮纸材料缝制而成，依据主题，对纸质材料制作出古铜钱的颜色肌理效果，体现书籍主题。

课后练习

为表达不同承印物给人的感官效果不同，学生选取不同的承印材料制作手工概念书籍，如图8-34至图8-39。设计制作过程中主要考虑书籍材质的表现及材质触感传递给读者的感受。作者根据自身对书籍内容的理解选取不同的材料表达对应的主题。

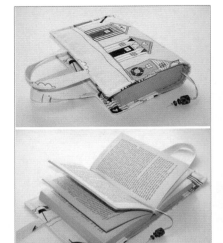

◆ 8-34《教科书》
为了携带方便，设计者把厚厚的教材重新做了封面设计，既是包又是一本书。

◆ 8-35《中国记忆》
该书利用宣纸印染技术设计书籍封面，开合处借鉴古代的封口印泥形式。

◆ 8-36《贵州蜡染》
蜡染技术内容介绍，因此书籍设计采用古老的印花蓝布加卷轴装设计。

◆ 8-37《时尚前线》
时尚类书籍，书籍采用重色搭配红色的线手工缝制，庄重时尚。

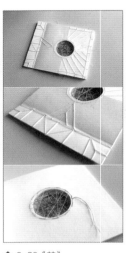

◆ 8-38《梦》
该书设计灵感来源"捕梦网"，封面设计采用简洁的白色卡纸，利用彩色丝线手工缝制圆形的网。

◆ 8-39《hi 科尔曼》
该书是为户外休闲品牌的领导者colman制作的产品宣传册，根据书籍的性质设计者采用简洁的画面设计，利用舒适的布艺做书籍护封设计。

第9章

装订 书的再构造——

装订是建构书籍完整性的必要过程，是指把零散书页或纸张加工成本子，一般包括折页、订本、包封和裁切等过程。装订包括订和装两大工序。订就是将书页订成本，是书芯的加工；装是书籍封面的加工，就是装帧。常见的书籍装订形式有平装、精装和线装。

9.1 装订形式

平装又称简装，是平面订联成册使用较多的方法，常用的装订方式有骑马订、平订、无线胶装、锁线胶装、环装、维乐装、拉杆/夹条装等。

平装之骑马钉装。是适合于页数较少的常用装订方式。书脊窄呈圆弧形，且明显露出订书所用的铁丝，所以不能印刷文字，书芯可完全平展，成品尺寸不限，方便快捷，易于翻看且经济实惠。适用于画册、图册、杂志、期刊、宣传册、产品说明书、简介、商务用书，如图9-1所示。

◆ 9-1 骑马钉装
骑马钉装的装订周期短、成本较低，但是装订的牢固度较差，而且使用的铁丝难以穿透较厚的纸页。所以，书页超过32页的书刊，不适宜采用骑马钉装。

平装之无线胶装。又叫胶背装、胶黏装。是指用胶水将印品的各页固定在书脊上的一种装订方式。区别于以往的有线装订，无线胶装不用铁丝，不用线，而是用胶粘合书芯。因为其平整度很好，所以现在大部分书刊都采用这种装订方式。成品尺寸不限，但尽量大于64开，书脊厚度最大可达5cm。适用于通常性文件、标书、材料、教材等，如图9-2所示。

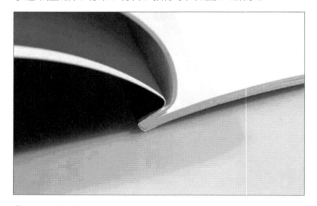

◆ 9-2 无线胶装
需要注意的是，文本装订后需要修边，所以切口处不宜放置图文。

平装之锁线胶装。又叫串线订。是指用线将各页穿在一起，然后用胶水将印品的各页固定在书脊上的一种装订方式。书芯比较牢固，但由于书背上订线较多，导致平整度较差。书翻开时可以完全展现书的内容。适用范围：产品手册、样本册、画册等，如图9-3所示。

◆ 9-3 锁线胶装
锁线胶装的好处是用胶粘书芯的同时加上线固定，书翻开时可以完全展现书的内容，从出书到自动完成的装订方法。

平装之环装。将书册折页后沿边打孔，按页排序后穿环装订成册。封面封底一般加透片或磨砂片，书芯平展度好，可180度或360度翻转，内文可随意换页，不影响装订效果，成品尺寸不限，但尽量大于64开。适用于训练材料、会议材料、个人简历、商务用书、台历、挂历等，如图9-4所示。此种装订方法需要注意的是：文本装订侧需留出7-12mm的打孔距离。

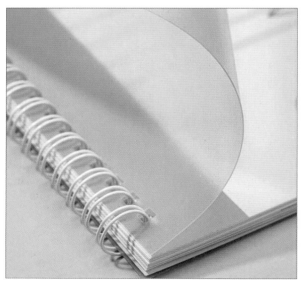

◆ 9-4 环装

平装之维乐装。是采用维乐装订条将带孔的书页穿起来，再将插针热熔后固定的一种装订方式。维乐装订条属于环保可再生材料，韧性好，装订效果平整牢固，美观。注意事项：文本装订侧需留出10-15mm的打孔距离。如图9-5所示。

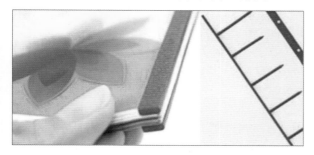

◆ 9-5 维乐装

平装之拉杆夹装。是一种简易装订方式，内页更换方便，无须设备操作，一般采用PP材料制成，适用于文件资料、会议资料、产品说明、标书等页数较少的书册，如图9-6所示。

◆ 9-6 拉杆夹装

精装。精装书是一种具有保护性硬质封面装订模式的图书类型。精装书的封面、封底一般采用丝织品、漆布、人造革、皮革或纸张等材料，粘贴在硬纸板表面作成书壳。封面与书脊间还要压槽、起脊，以便打开封面，封面分带槽和无槽，如图9-7所示。书脊有圆脊和方脊之分，方脊多采用硬纸版做护封的里衬，形状平整；圆脊多用牛皮纸、革等较韧性的材质做书脊的里衬，以便起弧。书芯的书背可加工成柔背装、硬背装和腔背装等，如图9-8所示。精装书的造型美观、坚固耐用，不易折损，便于长久使用和保存，设计要求特别，选材和工艺技术也较复杂，所以有许多值得研究的地方。

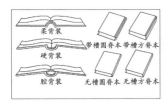

◆ 9-7 精装本书脊的形态

◆ 9-8 精装本书背的形态

除以上几种形式，铁圈精装、盒子式精装、铜钉精装、精装文件夹等，都是满足了人们的需要而产生的特殊形式的书籍装订方式。

铁圈精装和平装之环装类似，唯一不同的是精装有硬质封面，显高档。盒子式精装，是一种由精装内芯和盒子式封面组合而成的产品。精致的外盒大大地提升了产品的价值。适用范围：具有保藏价值的图文画册、公司重要文件、点缀标书等。铜钉精装，书芯运用铜钉衔接。铜钉精装运用规模广、种类多，活页式换页便利。适用范围：菜单、酒水单、材料档案、图册、相册等。精装文件夹，内页选用活页打孔圈装。换页便利，封面能够再利用。适用范围：常常替换内容的文件、描绘文件、VI手册等，如图9-9所示。

◆ 9-9 特殊形式书籍装订方式

线装。线装书是指以线类进行装订的图书类型，又称古线装，是古代中国劳动人民的重要发明。宋代是书籍装订形式最重要的一个时期，在宋代之前，中国古代的纸本书只有卷轴形式。今天我们看到挂在墙上的轴画、书法，仍是卷轴装的遗风。宋代是书籍印刷爆发的时代，开始出现多种多样的装订方法，不仅蝴蝶装、包背装等明确产成在宋代，线装书也产生于宋代，是我国装订技术史上第一次将零散页张集中起来，用订线方式穿联成册的装订方法。它的出现表明了我国的装订技术进入了一个新的阶段，如图9-10、图9-11所示。

线装书的发行量很大，究其原因，首先在于这种装帧本身的艺术魅力和实用性。线装书创始人谢云先生认为："用料、印刷、装帧是印刷物的三大要素，与印刷物的内容构成了一个完整的统一整体。线装书一般用宣纸或毛边纸采用特殊方式印刷，用这种传统的印刷装帧形式能够别具一格地体现学术、艺术价值和书籍装帧印刷的特色。"正因为线装书装帧形式传递着古色古香、浓厚典雅的文化气息，所以在现代依然具有很强的艺术魅力。

线装书的收藏很有讲究，线装古书与线装旧书有着本质的不同。线装旧书虽然保留着线装的装订做法，但里面的印刷技法却大有不同，线装古书使用的是传统的木板雕刻，而线装旧书却使用了铅字排印而非木板雕刻。

传统的线装书的封面、封底和书籍内页的尺寸相同，横向摆放，书脊就是书的内页纸张所自然形成的厚度。线装书的优点是"字大如钱"，张合自如很好翻阅，并且很牢固。传统的线装书的装订程序是繁杂的，今天的线装书很多都根据设计的要求有所改良。

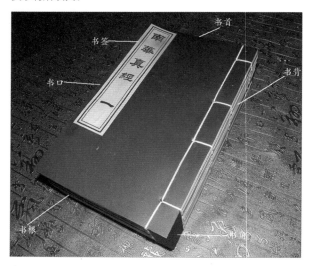

◆ 9-10 线装书的结构示意图

◆ 9-11 线装书

9.2 装订方法

装订是指出版物的装订方法，对出版物的形式与功能上都能产生戏剧性的影响。常用于平装书如杂志、企业报告、说明书、手册和年度报告及精装书的设计。装订方法有平订、骑马订、无线胶订、锁线胶订。如图9-12所示。

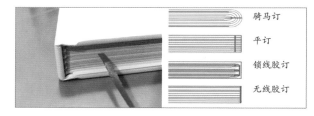

◆ 9-12 装订方法

平订，也叫铁线平订，如图9-13所示。将印好的书页经过折页、配贴成册后，在订口一边用铁丝钉牢，再包上封面的装订方法，用于一般书籍的装订。它的优点是：方法简单，单双数的书页都可以订。缺点也很明显，书页翻开时不能摊平，使阅读不方便，其次是订眼要占用5毫米左右的有效版面空间，降低了版面率。平装不宜用于厚本书籍，而且铁丝时间长容易生锈折断，书页脱落影响美观。

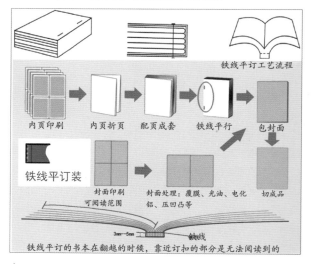

◆ 9-13 铁线平订工艺流程

骑马订。骑马订是最简单且应用最广泛的装订方法之一。由于骑马订是以中心为对称的装订特性，制版时拼版就与一般的平订、胶装、穿线平装或精装的拼法不同。它的装订过程是：第一帖页子置于装订机的最前方，第一个落到链条上；其他帖依次序叠在其上，封面最后落在上面，然后钉钉子；再送到装订机尾端裁刀部分，将钉好的书册裁修三边成书，以输送带送出装订机尾，包装交货，如图9-14所示。

因为完成的书册有厚度，最外页与最中间页修切之后，外表看是一样尺寸，但是，因为中间页被书册一半的厚度向外挤伸而多出的部分被修切掉，在丈量尺寸时，会发现它比封面的尺寸小。

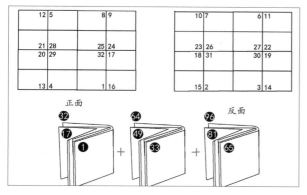

◆ 9-14 骑马钉装的拼版

锁线胶装订。将折页、配贴成册后的书芯，按前后顺序，用线紧密地将各种书贴串起来然后再包以封面。锁线胶装的好处是用胶粘书芯的同时加上线固定，书翻开时可以完全展现书的内容，既牢固又易摊平，适用于较厚的书籍或精装书。与平订相比，书的外形无订迹，且书页无论多少都能在翻开时平摊，是理想的装订形式。缺点是成本偏高，且书页须成双数才能对折订线，如图9-15所示。

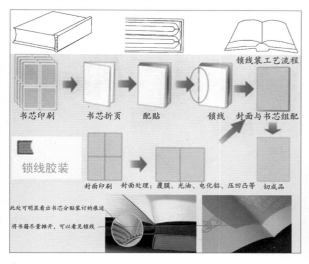

◆ 9-15 锁线胶装工艺流程

无线胶装订。是一种使用胶黏材料将每一帖书页沿订口相互黏结为一体的固背装订方式。主要工艺是将配成册的书芯在最后一折缝上进行铣削切孔、再涂入胶黏剂将书页订口逐张粘结牢固的加工方法。

它具有不占订口，翻阅方便等优点。用无线胶订装订的书芯可用于平装、精装书籍。无线胶订的方法有：切孔胶黏装订法，铣背打毛胶黏装订法，单页胶黏装订法等。1.切孔胶黏装订法。印刷页在折页机上折页时，沿书帖最后一折的折缝线上用打孔刀打成一排折叠以后，形式切口处外大内小成喇叭口。再经配页、压平、捆扎后，在书背上涂刷胶液，胶液从背部孔中渗透到书帖内的每张书页，使每页的切孔处相互牢固黏结，干燥后分本，成为无线胶黏装订的书芯。2.铣背打毛胶黏装订法。将配好页的书芯撞齐、夹紧、沿订口用刀把书背铣平，铣削的深度以铣成单张书页为准。而后经打毛，或在书背上铣成若干小沟，深度一般在0.8至1.5mm，间隔为3—10mm，把胶液材料涂刷在书背表面，并使沟槽中灌满胶液，干燥后，即成为无线胶黏装订书芯。3.单页胶黏装订法。全书以单张书页或以一折书帖为单位，沿订口撞齐后，再将各页的订口均匀地错开约1.5-2mm，刷上胶液，然后沿订口撞齐并加压，使页与页相互连成书芯。用这种方法黏结的书芯非常牢固，精美画册、地图册等常用这种胶黏方法装订，如图9-16所示。无线胶装优点是具有通用性，能够创造出一个可供印刷的书脊，可以满足出版物全面的视觉诉求。

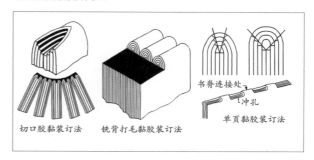

◆ 9-16 无线胶装订示意图

关于书籍设计有一点我们要十分清楚，书籍的装订形式及方法的选择，是以书籍的阅读性为前提的。因此，对于书籍设计者来说，最重要的是避免流于书籍表面的"盛世繁华"，如何通过对视觉要素的调动来加强读者对书籍的感受才是最重要的，如图9-17。

◆ 9-17 吕敬人的作品
书籍展现出来的没有浮夸的成分，但却有一种静态之美。

教学实例

以《查令十字街84号》文本为基础，用制作西式精装书的方法完成，如图9-19、图9-20。如图9-18所示是这本书普通版本与珍藏版本两种设计原型，书籍设计的原则是以作品内容为本，根据小说内容表达的主题进行新的书籍装帧设计，对我们提出的要求是从书籍形态、材质的选择，工艺的运用等综合考量，用视觉语言传达出作品的调性，使书籍设计本身真正成为一种能够与读者进行沟通的语言。

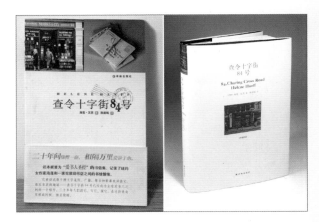

◆ 9-18《查令十字街84号》

1、张晓栋
2、周冬梅
3、李炎
4、李岩松
5、赵琨森
6、尹琳琳
7、李明轩

1		4
2	3	5
	6	7

《查令十字街84号》

◆ 9-19《查令街84号》教学实例

图9-19作品为师从吕敬人先生的研究生设计作品，用制作西式精装书的方法完成对经典小说的重塑。最后呈现出来的作品在装订形式上、材料的选择上、工艺的运用上都各有不同，呈现出的视觉形象也各有千秋。

设计点评

　　朱赢椿曾说过："克制创意，接受文本的约束"。书籍最终要到书店接受读者的检阅，很多时候设计师只想通过复杂的工艺来展示自己的创意，这往往不是读者需要的，是出版社和设计人员为了所谓的视觉效果强加于读者的，而真正的书籍设计应该学会接受作者文字、文本的约束，建立在文本基础上去进行设计如图9-21。如果把这个前提抛弃了，文字便成了设计师玩弄的素材，这是对作者和读者极大的不尊重。

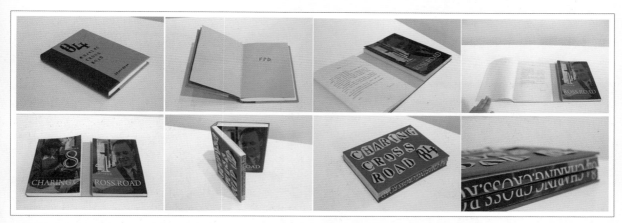

◆ 9-20 赵雷勇《查令十字街84号》习作
这个设计比较完整地展示了书籍的整体面貌。以对开本的方式将书籍分成两个部分，男女主人公的形象分于左右两端，恰恰体现了故事中两个人之间那种因书而起的相知相惜和若有若无的柏拉图式的情愫，不事雕琢就能感人至深。

◆ 9-21 朱赢椿《光阴》
《光阴》全书简约的设计包含了许多让人难忘的细节，无论是纸张、工艺还是编排，都别具匠心。封面的文字做得非常小，留出大量的空白让读者有一个想象的空间，上面的太阳和月亮很贴切地表述了光阴的意义，月亮表面和节气名称部分纸张的凹凸不平为封面增色不少，手抚上去莫名增添了一种真实感。书脊边缘处露出4条彩色的线，分别代表了春夏秋冬。这本书让人感觉温文尔雅，不惊不躁，令读者回味无穷。

课后练习

掌握线装书的制作。

著名学者邓云乡在谈到线装书时说："中国传统文化的根本，首先在于它的载体线装书，没有线装书，无处看线装书，不会看线装书，那就差不多失去了中国传统文化的根本。"还有这样一段描述："醒悟就像起了风，星空闪烁着线装书中宁静的旧药方，影子加深了池塘，月亮加深了山庄。"

线装书的制作，每一道工序都需要细致有加，我们可以从中感受古人的那一份智慧与宁静，品味生命旅途中尘埃落定后的厚重与灵魂深处的感动。

线装书的制作过程如下：

◆ 9-22

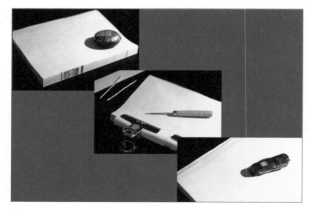

◆ 9-23

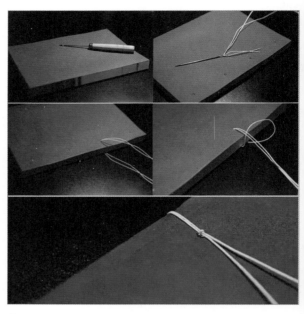

◆ 9-24

◆ 9-25

（1）首先在电脑上将书籍内容排好版进行打印，然后折页，折好的册页栏口必定是不齐整的，待裁，如图9-22所示。

（2）用重物压平册页然后齐栏，压平折痕处，将纸张多余的部分剪去，捻端展开粘牢，重物压平，如图9-23所示。

（3）粘封面，然后打孔钉线，打孔定位用铅笔或者画粉做好记号，孔距离书的边缘约1.2厘米，中间平分为三份，打孔用细的铁钉或者锥子，自第二孔穿入，如图9-24所示。

（4）留大约6厘米的线在外面最后打结用，侧面绕一圈，穿入第三个孔，线打结后把针倒回孔中，把另二股线穿入针孔中，用力把线结拉入孔中，剪断线，最后贴签条，如图9-25所示。